日本の恐竜図鑑

宇都宮聡＋川崎悟司［著］

じつは
恐竜王国
日本列島

築地書館

ようこそ、日本の恐竜の世界へ

　恐竜と言えば、モンゴルや北アメリカなどが有名な産地だ。
　日本では、戦前日本の領土だった樺太（サハリン）南部で発見されたニッポノサウルス（p.64）を除いて、日本本土で大型の脊椎動物、特に恐竜の化石を発見するのは難しいと、長いあいだ考えられてきた。
　だが、その後のさまざまな発見・研究の結果、じつは日本にもさまざまな恐竜たちが暮らしていたことがわかってきた。日本周辺から世界に広がったと考えられる恐竜たちもいたことが確認されている。
　まさしく恐竜王国日本列島だ。
　日本での、恐竜を含む中生代の大型脊椎動物の化石発掘は、1960年代のウタツサウルス（p.140）やフタバサウルス（p.96）の発見に始まる。フタバサウルスは、「ドラえもん」ピー助のモデルにもなったのでよくご存じのことだろう。
　これにより、海生の大型爬虫類の化石が国内でも発見できることがわかった。
　さらに1960年代以降、アマチュア化石ハンターたちによって、北海道を中心にクビナガリュウやモササウルス、翼竜類の化石が相次いで発見された。
　海や空にはこんなにもさまざまな生き物たちが暮らしていたのだ。
　陸生の恐竜が最初に発見されたのは、1978年のこと。岩手県岩泉町の海岸の露頭で見つかった骨化石だった。これが、50ページで紹介している巨大な竜脚類モシリュウだ。その後の相次ぐ化石発見によって、ティラノサウルスの祖先のアウブリソドン類（p.20）や、巨大肉食恐竜（p.22）、羽毛に覆われていたと思われる肉食のベロキラプトル類（p.34）、国内で一、二を争う大きさの鳥羽竜（p.52）や丹波竜（p.58）などの竜脚類、立派なトサカをもつランベオサウルスの仲間（p.74）、角竜類と鳥脚類の共通祖先ではないかと言われるアルバロフォサウルス（p.80）など、じつにさまざまな恐竜たちが、白亜紀の日本を闊歩していたことがわかってきた。
　ところが意外なことに、これまで日本から産出した恐竜を紹介した図鑑はなかった。日本から産出する恐竜の化石は歯や骨格の一部で、あまりにも不完全すぎ、全体像を復元するのは難しいと考えられてきたからだろう。
　しかし、手取層群や篠山層群から、新種として報告できるほどのまとまった恐竜の骨格化石が産出したこと、近隣の中国をはじめとする海外での研究の進展と、それらとの比較、さらに海外に留学して世界的知識や見識を得た研究者たちの出

現により、かなり深い議論や研究がなされ、部分的な化石からでも十分に情報を引き出すことができるようになってきた。逆に海外をリードする研究分野も出ているほどだ。

また恐竜時代の地層として、アジアのほかの地域より発達した海成層をもつ日本では、魚竜（ぎょりゅう）、クビナガリュウ、そしてモササウルスの仲間の海生爬虫類の化石が数多く発見され、世界的な研究が進行している。それらの結果、日本の恐竜時代は、じつに豊富な生物相であったことがわかってきた。

そろそろそれらをまとめた書籍があってもよいのではないかと、アマチュアならではの大胆さで考えた。これが本書執筆の発端だ。

本書では国内の恐竜だけでなく、恐竜の周辺で生息していた個性豊かな生き物たちにもスポットを当てている。また宇都宮聡がかかわった主要な化石の発見のエピソードも交えて紹介しているので、発掘現場の空気を感じたり、恐竜発見のノウハウも知っていただけることだろう。

今回、古生物研究家として数々の著作をもつ川崎悟司と、宇都宮聡がタッグを組むこととなった。ふたりとも本業（会社員）をもつアマチュアながら、プロ（研究者）に負けないくらい、古生物に対して深い思い入れ（愛情）と行動力をもっている。

宇都宮聡は日本各地で化石採集を行ない、本書でも取り上げているサツマウツノミヤリュウ（p.98）や国内最大級の肉食恐竜の歯（p.22）、最近では全長10mと推測される巨大モササウルス類（p.116）など数々の大物化石を発見・採集し、日本の恐竜研究に大きく貢献している。化石が眠る地層を感覚的に読むことができる国内で指折りの化石採集家だ。

本文中には川崎悟司の古生物画をたくさん掲載しているが、優しい顔つきや、ずるがしこそうな顔つきまで、さまざまな恐竜がいる。皆、生き残るために必死の恐竜の姿を、とても個性的にその内面の性格までとらえている。復元画でありながら、同時に新ジャンルの恐竜似顔絵と言えるかもしれない。

本書はそんなふたりが、お互いの特性を補完しあい、楽しみながら作成したものだ。

生き物としての我々人間の大先輩の、恐竜や古生物たちの息遣いが感じられる内容に仕上がったと思う。この本を手に取られた皆さまに、日本の恐竜時代の世界を存分に楽しんでいただきたい。

宇都宮　聡
川崎　悟司

もくじ

ようこそ、日本の恐竜の世界へ 2
恐竜の時代◆中生代 三畳紀、ジュラ紀、白亜紀 7
地質年代 10
恐竜の分類 12
恐竜が産出するおもな地層マップ 14
この本の読み方 16

鳥たちはここから始まった──獣脚類（じゅうきゃく） 17

前脚（まえあし）に大きなカギ爪をもつ肉食恐竜　**フクイラプトル** 18
日本で発見されたティラノサウルスの祖先　**アウブリソドン類** 20
太古の白山（はくさん）の主（ぬし）　**白山の巨大獣脚類** 22
鳥に近い肉食恐竜　**ドロマエオサウルス類** 28
はじめての日本産巨大肉食恐竜　**ミフネリュウ** 30
巨大爪にズングリ胴体（どうたい）。奇妙なスタイルの恐竜　**テリジノサウルス類** 32
羽毛（うもう）をもったチビッ子ギャング　**ベロキラプトル類** 34
見た目も生き方も、ほとんど鳥　**オビラプトル類** 36
魚大好き恐竜　**スピノサウルス類** 38
典型的な獣脚類　**カルノサウルス類** 40
ダチョウのような恐竜　**サンチュウリュウ** 42

もっとも巨大に成長した恐竜──竜脚類（りゅうきゃく） 49

日本で最初に見つかった恐竜　**モシリュウ** 50
モシリュウに続く国内最大級恐竜第2弾　**鳥羽竜（トバリュウ）** 52
国内最大級の恐竜第3弾　**丹波竜（タンバリュウ）** 58
福井の巨人という名の竜脚類　**フクイティタン** 60

植物の変化に適応して進化した恐竜──鳥脚類（ちょうきゃく） ... 63

日本人がはじめて研究した恐竜　**ニッポノサウルス** 64
はじめて学名がついた国産恐竜　**フクイサウルス** 66
イグアナのような歯をもつ恐竜　**イグアノドン？の仲間** 68
立派なトサカでメスにアピール　**ランベオサウルス亜科** 74

フリルをつけた闘士──周飾頭類 …… 77
- アジア発の角竜の祖先　アーケオケラトプス …… 78
- 角竜類と鳥脚類の共通祖先？　アルバロフォサウルス …… 80

身を守るための装飾をもつ──装盾類 …… 83
- アメリカからやって来た迷い恐竜？　ノドサウルス類 …… 84
- 半円状の5本の指先　アンキロサウルス類 …… 86

大空を支配した空飛ぶ爬虫類──翼竜類 …… 89
- 長大なトサカがトレードマーク　プテラノドンの仲間 …… 90
- 白亜紀末期の空の覇者　アズダルコ科 …… 92

恐竜時代を通じて栄えた海生爬虫類──長頸竜類 …… 95
- ドラえもんのピー助のモデル　フタバサウルス …… 96
- 九州ではじめて発見されたクビナガリュウ　サツマウツノミヤリュウ …… 98
- 頭は短いが強力な顎をもつクビナガリュウの仲間　プリオサウルス類 …… 106
- アザラシみたいな生態のクビナガリュウの仲間　ポリコティルス類 …… 108

魚竜の地位を受けついだ海のギャング──モササウルス類 …… 111
- くつがえされるヘビの起源　カガナイアス …… 112
- 恐竜であってほしかったが……じつはモササウルス　タニファサウルス …… 114
- 白亜紀末の海の王　巨大モササウルス類 …… 116
- 謎の小型モササウルス類　コウリソドン？ …… 122

恐竜周辺で生きていた動物たち──哺乳類・サメ類・カメ類 …… 127
- 哺乳類型爬虫類　トリティロドン類 …… 128
- 恐竜時代のめずらしい有胎盤類　新種の真獣類 …… 130
- 海から河川に棲み家を移した古代ザメ　リソドゥス …… 132
- 昔のラブカはデカかった　ラブカ …… 136
- 恐竜時代も凶暴だったサメ　クレトラムナ …… 138
- 日本から世界最古級の魚竜　ウタツサウルス（歌津魚竜）…… 140
- とがったリクガメ　アノマロケリス …… 142
- オサガメの祖先の巨大ガメ　メソダーモケリス …… 144

コラム

- 日本列島はどうやってできた？ ……………………………………………… 44
- 恐竜はこんな地層で発見される ……………………………………… 46
- 恐竜時代のポンペイ遺跡 ……………………………………………… 47
- 白亜紀末の大絶滅——K／T境界 …………………………………… 48
- 恐竜1匹発見すれば2匹、3匹 ……………………………………… 62
- 久慈琥珀の中の日本最古のカマキリ化石 ……………………… 76
- 恐竜の足元に暮らしていた小さな生き物たち ………………… 82
- 太古の1年は365日ではなかった ………………………………… 88
- アンモナイトと車のモデルチェンジ ……………………………… 94
- クビナガリュウは陸で産卵？　海で出産？ …………………… 110
- 和歌山県鳥屋城山で進むモササウルス化石の発掘 ………… 124
- 化石で推測、クビナガリュウvs.モササウルス ……………… 126
- サケのように産卵のために川を遡上した古代ザメ ………… 146
- 日本にいた巨大スッポン ……………………………………………… 147
- 宇都宮流・恐竜化石発見の極意 …………………………………… 148
- 化石採集のマナー ……………………………………………………… 149

発見記

- 白山で巨大獣脚類の牙化石を発見！ ……………………………… 24
- アマチュア化石ハンターの熱意が実った——鳥羽竜の発見 ……… 54
- キラリと黒く輝く歯化石が！——鹿児島県初の草食恐竜の発見 …… 70
- 化石は長い頸を下に突き刺すように埋まっていた——サツマウツノミヤリュウ発見 ‥ 100
- 和泉山脈の主、巨大モササウルス類の頭部化石を発見 ………… 118
- 中生代最古の地層で発見したサメ化石 …………………………… 134

- 伝説の化石ハンター・宇都宮聡の大物化石発見歴 ……………… 150
- 恐竜や化石が見られるおもな博物館 …………………………………… 151
- 参考文献 …………………………………………………………………………… 155
- 恐竜名索引 ……………………………………………………………………… 157

恐竜の時代◆中生代 三畳紀（2億5100万〜1億9960万年前）

三畳紀の世界
　この時代は、超大陸パンゲアと呼ばれる、ほぼすべての大陸が合体し、陸続きの状態であった。そのため、広大になった内陸部の平野はひどく乾燥し、砂漠が広がっていたと見られている。

三畳紀の動物
　前の時代の古生代ペルム紀末に、生物種の90％が絶滅するという未曽有の大量絶滅（以下、大絶滅）によって空白になったニッチ（生態的地位）を埋めるように、アンモナイトや二枚貝などの生き残った生物種が著しく数を増やし、進化していった。
　また、乾燥気候化が進むこの時代に、鱗に覆われた乾燥に強い爬虫類が発展し、現在と違って直立歩行をするワニ類が陸上生態系の頂点に君臨し、魚竜やクビナガリュウなどの海に進出した爬虫類、空を飛んだ爬虫類、翼竜類が現われて、陸海空と適応放散し、繁栄していった。まさにこの時代は、「爬虫類の時代」と言っていいだろう。
　また、三畳紀後期に入ると、爬虫類のグループからはじめて恐竜が現われた。ほかの爬虫類に比べて体が小さいものが多かったが、二足歩行で、より活発で素早い行動ができたと言われている。
　恐竜が現われたと同時に、哺乳類も登場した。まだネズミほどの小さな動物が大半であった。そして水辺には5mを超えるような両生類が存在し、現在のワニのような生態をしていた。

恐竜の時代◆中生代 ジュラ紀（1億9960万〜1億4550万年前）

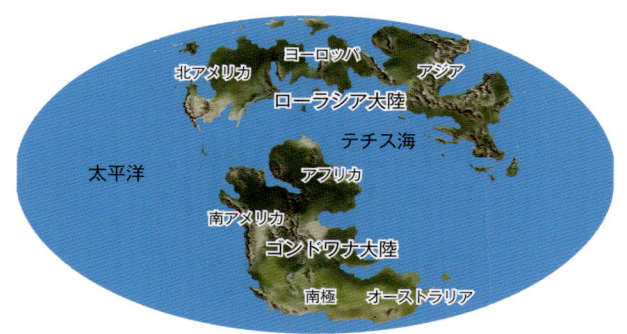

ジュラ紀の世界

　超大陸パンゲアが赤道付近でパックリと割れ、北のローラシア大陸と南のゴンドワナ大陸のふたつに分かれた。三畳紀の乾燥した気候とは変わって、ジュラ紀は温暖で湿潤な気候となり、植物は河川部から内陸部へと生育範囲を広げていった。

ジュラ紀の動物

　三畳紀末にも大絶滅があり、それまで支配的であった爬虫類も大きな打撃を受けた。それを機に、恐竜が陸上生態系において台頭するようになった。温暖湿潤気候で育まれた豊富な植物資源によって、ディプロドクスやブラキオサウルスなどの竜脚類をはじめとする植物食恐竜がきわめて体を大きく成長し、なかには全長30mを超える種も現われた。それにあわせるように、獣脚類のアロサウルスなどの10mを超える大型肉食恐竜も現われ、巨大恐竜の時代であったようだ。
　また、恐竜の中には小型獣脚類から鳥類にいたる進化を果たし、始祖鳥が登場したのもこの時代である。
　哺乳類はまだネズミに似た小さな動物であったが、1億6000万年前には胎盤を有する真獣類が現われ、母体で胎児を保護する確実な繁殖方法を獲得した。
　海洋では温暖な気候と超大陸パンゲアの分裂により、温かい浅海が広がってプランクトンが増殖し、海を赤く染めることもあったようだ。そのため多様な生物で満ち溢れており、それを餌とする魚竜やクビナガリュウの海生爬虫類は前の時代よりさらに繁栄するようになり、ワニの仲間にも海に生活の場を移すものがいた。

恐竜の時代◆中生代 白亜紀（1億4550万〜6550万年前）

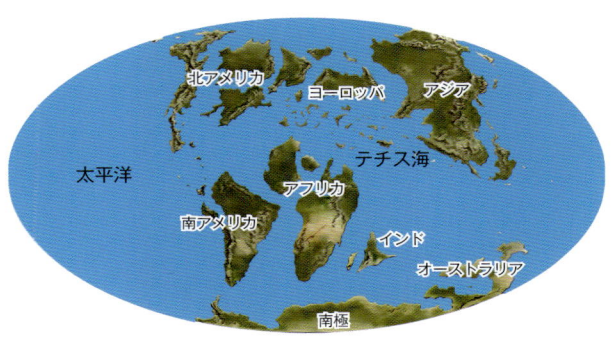

白亜紀の世界

　地殻変動や海水面上昇にともなう海進により、大陸がさらに細かく海で隔てられるようになった。北アメリカ大陸は東西に分断し、オーストラリア大陸への海の浸入も著しく、ヨーロッパはほとんど水没して多島海が広がっていた。

白亜紀の動物

　大陸の細分化により、それぞれの地域で独自の進化をする恐竜が多く見られるようになった。北アメリカやアジアなどの北半球の植物食恐竜としては、ジュラ紀に繁栄した竜脚類に代わって、咀嚼能力に長け、植物の栄養を効率よく摂取できるイグアノドン類やハドロサウルス類が繁栄し、アジアを起源とするトリケラトプスなどの角竜類も登場した。北半球では羽毛で覆われた小型獣脚類のコエルロサウルス類から大型肉食恐竜となったティラノサウルスなどの新しいタイプの恐竜が目立つのに対し、南半球ではジュラ紀のアロサウルスの仲間であるカルカロドントサウルス類や竜脚類のティタノサウルス類などが多く見られ、比較的古いタイプの恐竜が生息していた。翼竜類は衰退の一途をたどり、ジュラ紀に現われた鳥類がその制空権を奪いつつあり、プテラノドンやケツァルコアトルスなどの大型翼竜を残すのみとなっていた。海洋では白亜紀半ば、大規模な海底火山活動による環境の激変によって魚竜が絶滅し、それを埋める形でトカゲの仲間である海生爬虫類モササウルス類が現われた。しかし、白亜紀末には巨大隕石衝突の影響により、恐竜をはじめアンモナイトやクビナガリュウ、モササウルス類など多くの生物種が大絶滅し、その姿を消した。

地質年代

三畳紀～白亜紀の恐竜が暮らしていた時代の年代区分と恐竜をはじめとする各動物が繁栄した時代を示しました。

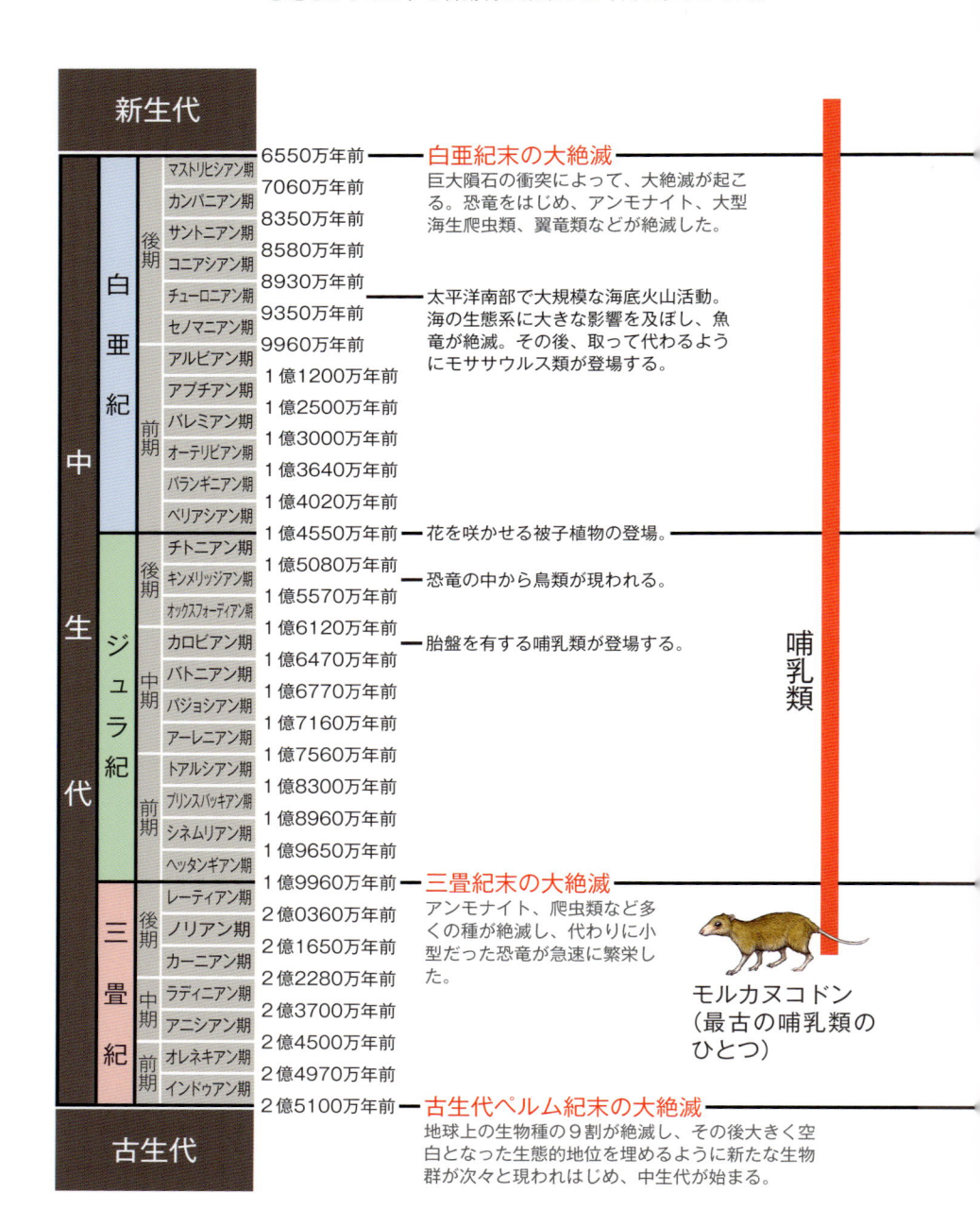

代	紀	世	期	年代	出来事
新生代				6550万年前	**白亜紀末の大絶滅** — 巨大隕石の衝突によって、大絶滅が起こる。恐竜をはじめ、アンモナイト、大型海生爬虫類、翼竜類などが絶滅した。
中生代	白亜紀	後期	マストリヒシアン期	7060万年前	
			カンパニアン期	8350万年前	
			サントニアン期	8580万年前	
			コニアシアン期	8930万年前	太平洋南部で大規模な海底火山活動。海の生態系に大きな影響を及ぼし、魚竜が絶滅。その後、取って代わるようにモササウルス類が登場する。
			チューロニアン期	9350万年前	
			セノマニアン期	9960万年前	
		前期	アルビアン期	1億1200万年前	
			アプチアン期	1億2500万年前	
			バレミアン期	1億3000万年前	
			オーテリビアン期	1億3640万年前	
			バランギニアン期	1億4020万年前	
			ベリアシアン期	1億4550万年前	花を咲かせる被子植物の登場。
	ジュラ紀	後期	チトニアン期	1億5080万年前	恐竜の中から鳥類が現われる。
			キンメリッジアン期	1億5570万年前	
			オックスフォーディアン期	1億6120万年前	胎盤を有する哺乳類が登場する。
		中期	カロビアン期	1億6470万年前	
			バトニアン期	1億6770万年前	
			バジョシアン期	1億7160万年前	
			アーレニアン期	1億7560万年前	
			トアルシアン期	1億8300万年前	
		前期	プリンスバッキアン期	1億8960万年前	
			シネムリアン期	1億9650万年前	
			ヘッタンギアン期	1億9960万年前	**三畳紀末の大絶滅** — アンモナイト、爬虫類など多くの種が絶滅し、代わりに小型だった恐竜が急速に繁栄した。
	三畳紀	後期	レーティアン期	2億0360万年前	
			ノリアン期	2億1650万年前	
			カーニアン期	2億2280万年前	
		中期	ラディニアン期	2億3700万年前	
			アニシアン期	2億4500万年前	
		前期	オレネキアン期	2億4970万年前	
			インドゥアン期	2億5100万年前	**古生代ペルム紀末の大絶滅** — 地球上の生物種の9割が絶滅し、その後大きく空白となった生態的地位を埋めるように新たな生物群が次々と現われはじめ、中生代が始まる。
古生代					

哺乳類

モルガヌコドン（最古の哺乳類のひとつ）

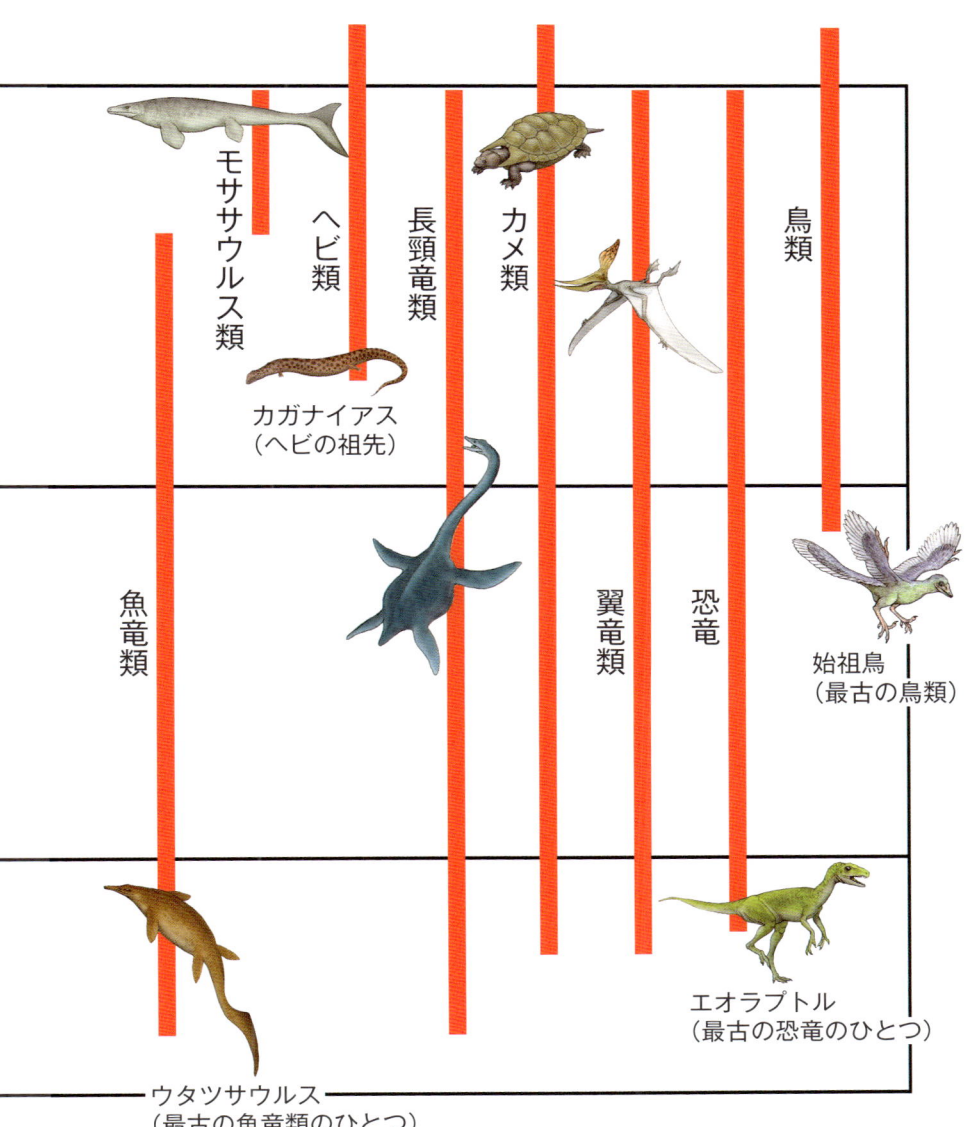

恐竜の分類

　恐竜とは、おもに中生代（三畳紀〜白亜紀末）に生息した大型爬虫類の一部の総称だ。恐竜は三畳紀に主竜類と呼ばれる爬虫類の仲間から進化した。鳥に似た骨盤をもつ鳥盤類と、トカゲに似た骨盤をもつ竜盤類に大きく分けられる。鳥盤類にはハドロサウルスなどの仲間を含む鳥脚類やトリケラトプスなどの仲間を含む周飾頭類、アンキロサウルスなどの仲間を含む装盾類が含まれる。一方、竜盤類はアロサウルスなどの仲間を含む獣脚類とブラキオサウルスなどの仲間を含む竜脚類で構成される。ちなみに鳥類は獣脚類の仲間でティラノサウルスなどを含むコエルロサウルス類から進化したと考えられている。すなわち、恐竜の大部分は

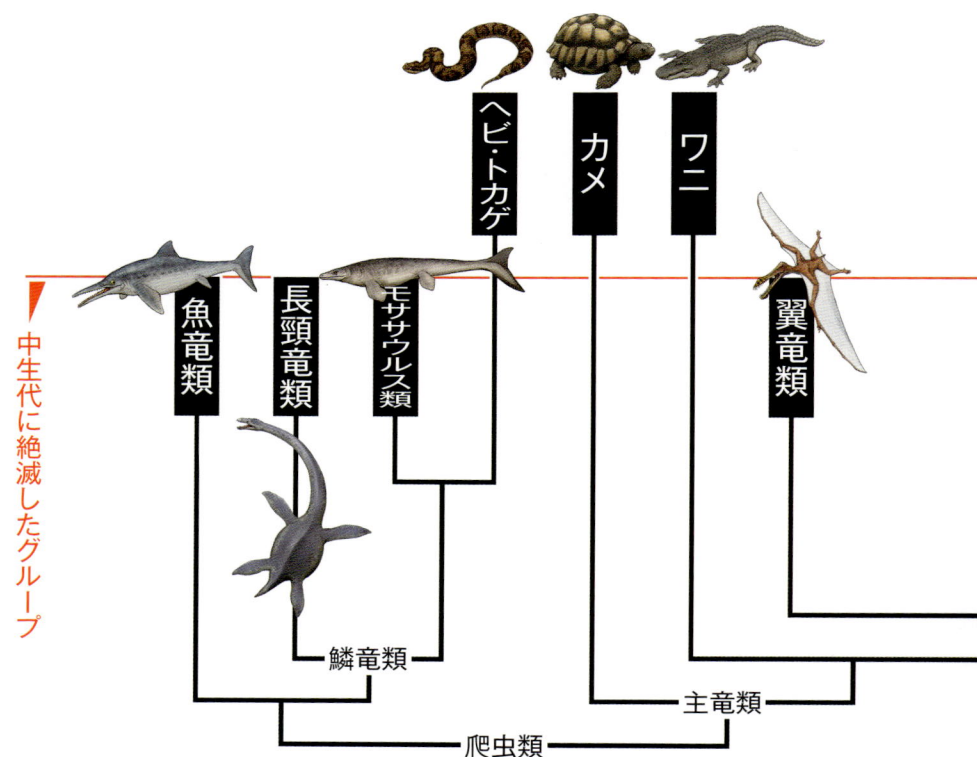

恐竜と爬虫類の系統図

白亜紀末期の隕石衝突に起因する大絶滅でほとんど死に絶えたが、一部の鳥に姿を変えた仲間は生き残り、現在も生息している。長頸竜、魚竜、モササウルス、翼竜は、恐竜とは別の独立した爬虫類のグループで、それぞれ中生代の空や海中で独自の発展をとげた。

鳥盤類の骨盤
腸骨
座骨
恥骨
竜盤類の骨盤
腸骨
座骨
恥骨

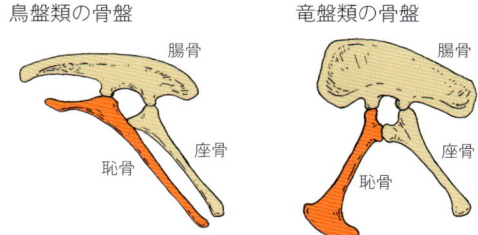

鳥盤類と竜盤類の違い。恐竜は鳥盤類と竜盤類の２タイプに分けられるが、それは骨盤の恥骨の向きで見分けられる。なお、鳥類の恥骨は鳥盤類と同じく後方に向くが、鳥類は竜盤類の恐竜から派生したグループである。少し矛盾するが、進化の途中で恥骨が後方に向くようになったようだ。

鳥類
剣竜類
曲竜類
鳥脚類
堅頭類
角竜類
竜脚類
獣脚類
周飾頭類
装盾類
鳥盤類
竜盤類
恐竜

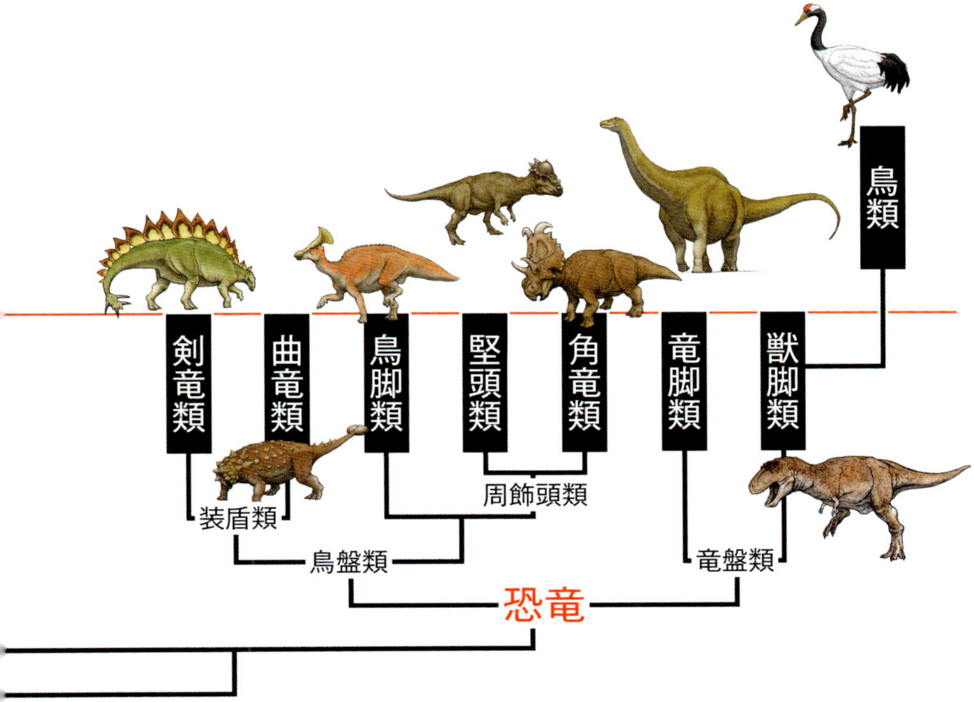

恐竜が産出するおもな地層マップ

日本のおもな恐竜が産出した地層の場所を赤色で示しています。
また、各地層ごとに、本書で取り上げた恐竜をはじめとする動物たちの名前と、
その掲載ページを示しています。

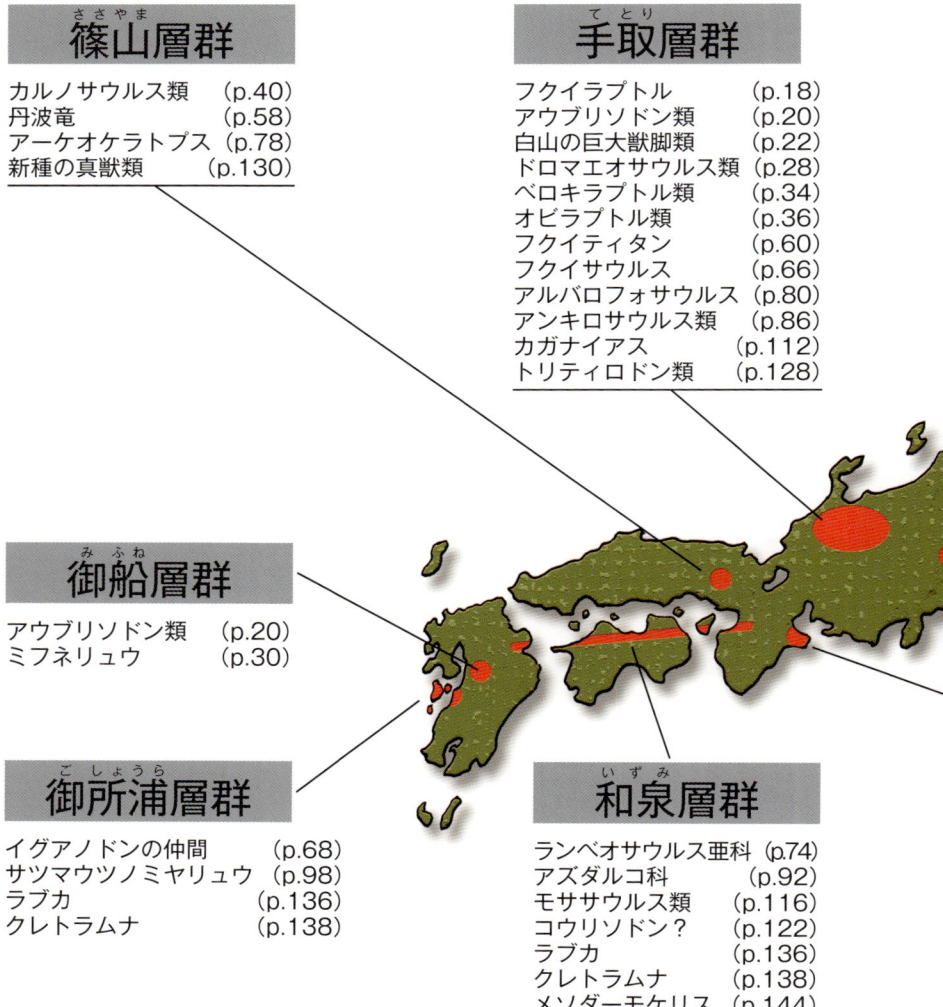

篠山層群
- カルノサウルス類　（p.40)
- 丹波竜　　　　　　（p.58)
- アーケオケラトプス（p.78)
- 新種の真獣類　　　（p.130)

手取層群
- フクイラプトル　　　（p.18)
- アウブリソドン類　　（p.20)
- 白山の巨大獣脚類　　（p.22)
- ドロマエオサウルス類（p.28)
- ベロキラプトル類　　（p.34)
- オビラプトル類　　　（p.36)
- フクイティタン　　　（p.60)
- フクイサウルス　　　（p.66)
- アルバロフォサウルス（p.80)
- アンキロサウルス類　（p.86)
- カガナイアス　　　　（p.112)
- トリティロドン類　　（p.128)

御船層群
- アウブリソドン類　（p.20)
- ミフネリュウ　　　（p.30)

御所浦層群
- イグアノドンの仲間　　（p.68)
- サツマウツノミヤリュウ（p.98)
- ラブカ　　　　　　　　（p.136)
- クレトラムナ　　　　　（p.138)

和泉層群
- ランベオサウルス亜科（p.74)
- アズダルコ科　　　　（p.92)
- モササウルス類　　　（p.116)
- コウリソドン？　　　（p.122)
- ラブカ　　　　　　　（p.136)
- クレトラムナ　　　　（p.138)
- メソダーモケリス　　（p.144)

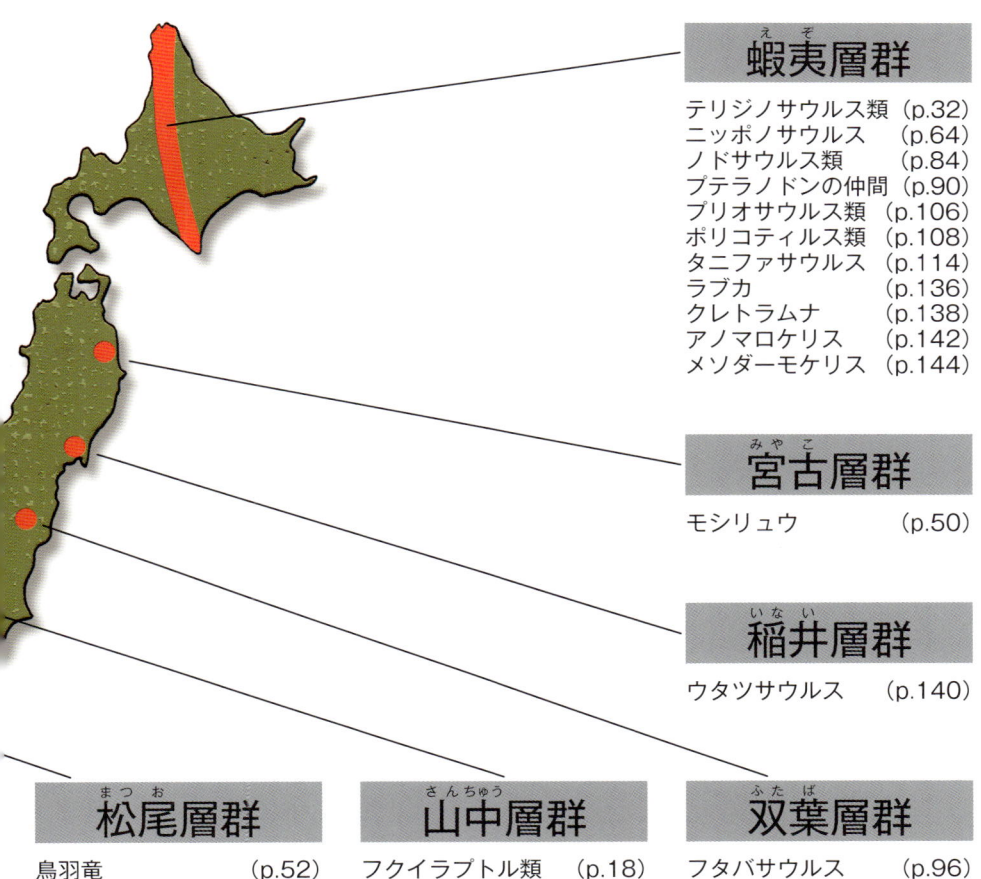

蝦夷層群
- テリジノサウルス類 (p.32)
- ニッポノサウルス (p.64)
- ノドサウルス類 (p.84)
- プテラノドンの仲間 (p.90)
- プリオサウルス類 (p.106)
- ポリコティルス類 (p.108)
- タニファサウルス (p.114)
- ラブカ (p.136)
- クレトラムナ (p.138)
- アノマロケリス (p.142)
- メソダーモケリス (p.144)

宮古層群
- モシリュウ (p.50)

稲井層群
- ウタツサウルス (p.140)

松尾層群
- 鳥羽竜 (p.52)

山中層群
- フクイラプトル類 (p.18)
- スピノサウルス類 (p.38)
- サンチュウリュウ (p.42)

双葉層群
- フタバサウルス (p.96)
- ポリコティルス類 (p.108)
- クレトラムナ (p.138)

この本の読み方

●この本で取り上げた恐竜たち
2011年11月末時点で、日本各所で発見された恐竜のうち、同種類の中でも代表的と思われる特徴のある恐竜とその他の脊椎動物を、化石の保存状態や最新の研究の進行状況を考慮に入れながらピックアップしました。

●データについて

名前：学名が論文で発表されているものは学名で、研究中のものは一般に知られる愛称で表記しました。

学術的な名前：現時点で判明している分類までを表記しました。属種まで判明している標本は多くありません。

分類：所属するグループ名。大まかな分類は12ページの「恐竜の分類」をご参照ください。

産地：恐竜が発見された場所です。

地層：恐竜の化石が発掘された地層名です。14ページの「恐竜が産出するおもな地層マップ」をご参照ください。

時代：おもに写真を掲載している化石の恐竜が生息していた時代です。具体的にわかっている場合は（　）内に年代を入れてあります。10ページの「地質年代」をご参照ください。

体長・特徴：化石から推定される、恐竜の体長や体重、その他の特徴です。

食性：恐竜が食べていたと考えられるものです。

共産化石：おもに写真を掲載している恐竜の化石と一緒に産出した化石です。これによって恐竜がどんな環境で暮らしていたか、何を食べていたかなどが推測できます。

●イラストについて
イラストは、発掘された化石の写真や、最新の研究の成果にもとづいて描いたものですが、部分的な化石からの復元なので、全体像や色については想像によるところもあります。
白山の巨大獣脚類（p.22）、プリオサウルス類の写真の説明図（p.107）、発見記「白山で巨大獣脚類の牙化石を発見！」（p.24～27）のイラストは宇都宮聡が、それ以外のイラストはすべて川崎悟司が描きました。

●化石の写真について
博物館や個人にお借りした化石写真については、提供・所蔵先を写真説明文に付しました。提供・所蔵先の入っていないものは、すべて宇都宮聡蔵です。

獣脚類

竜脚類

鳥脚類

周飾頭類

装盾類

翼竜類

長頸竜類

モササウルス類

その他

鳥たちはここから始まった
獣脚類
じゅうきゃくるい

　前脚よりも長い後ろ脚で二足歩行をし、地上ですばやい行動をした恐竜というのが獣脚類の標準的なスタイルである。ティラノサウルスやアロサウルスなどの大型の肉食恐竜、またディノニクスやベロキラプトルなどの小型の肉食恐竜などがいる。肉食恐竜と呼ばれるものはこの獣脚類に含まれると言っても間違いではなく、恐竜時代を通し、地上のあらゆる生態系において頂点捕食者として君臨しつづけたグループである。

　肉食のものが多く、歯はナイフのような形で縁にはステーキナイフのようなギザギザの鋸歯がついているのが一般的な特徴で、肉を嚙み切るのに適していた。しかしスピノサウルスと呼ばれる獣脚類は魚食に適した円錐形の歯をもち、テリジノサウルスをはじめ植物食と思われる獣脚類も多く、その生態には多様性が見られる。

　特筆すべき点は、この獣脚類から鳥類が生まれたことだ。これは近年の研究によって明らかになった。

　中国の遼寧省で1996年に発見された、獣脚類のコエルロサウルス類というグループに属するシノサウロプテリクスは、わずか1mほどの小さな恐竜であるが、その化石からはじめて羽毛の痕跡が発見された。これを機に中国やモンゴルから羽毛をもつ恐竜の発見が相次いでおり、コエルロサウルス類に限っては、必ず羽毛を全身にまとう恐竜として復元画が描かれるようになった。

　また、骨格も、ところどころの形状や軽量化された点において、鳥類との共通点が多くあったことはすでに知られている。またオビラプトルと呼ばれるコエルロサウルス類は、羽の生えた前脚で卵を覆うような状態の化石が発見されており、鳥類と同じく抱卵まで行なっていたと言われている。さまざまな鳥類との共通点から、今では獣脚類から鳥類が生まれたことは定説となっており、今後もゆらぐことはないだろう。

　日本国内でも獣脚類の恐竜は数多く発見されており、福井県のフクイラプトルをはじめ、北海道のテリジノサウルス類や、羽毛の化石は発見されていないものの、羽毛をもつとされるベロキラプトル類やオビラプトルの仲間などが発見されている。

前脚に大きなカギ爪をもつ肉食恐竜
フクイラプトル
Fukuiraptor kitadaniensis
獣脚類

獣脚類

分類	恐竜上目 竜盤目 獣脚亜目 シンラプトル科		
産地	福井県勝山市北谷	地層	手取層群北谷層、山中層群
時代	白亜紀前期バレミアン期		
体長・特徴	4.2m（未成熟個体のため、さらに大きく成長する可能性がある）		
食性	肉食		
共産化石	恐竜、ワニ、カメ、淡水性二枚貝、植物		

　2000年に獣脚類として日本ではじめて正式な学名がつけられて国際的に認められ、また全身骨格も復元されている日本を代表する肉食恐竜。

　発見されたのは1988年で、はじめに発見された化石は長さ10cmほどもある大きなカギ爪だった。当初はこのカギ爪が後ろ脚についていたものと考えられており、後ろ脚の湾曲したカギ爪が強力な武器になりそうなベロキラプトルなどの小型肉食恐竜の仲間とされ、発見された地名にちなんで「キタダニリュウ」という愛称がつけられていた。

　その後、数々の部位の化石が発見されて研究が進むにつれ、カギ爪はじつは前脚についていたということがわかり、アロサウルスのような肉食恐竜であったと修正された。どちらの脚についていたにしろ、その大きく鋭いカギ爪は植物食恐竜などの獲物を襲うには十分に役立ったと思われる。

　フクイラプトルの化石が発見された福井県勝山市の北谷は、「恐竜のふるさと」などと呼ばれて恐竜化石が多産する。イグアノドンの仲間のフクイサウルスや、2007年夏に発見された全長10mの竜脚類フクイティタンなどの大型の植物食恐竜が発見されており、これらを獲物とするのはこのフクイラプトルくらいだろう。

　フクイラプトル類の歯化石は群馬県（山中地溝帯）からも発見されている。

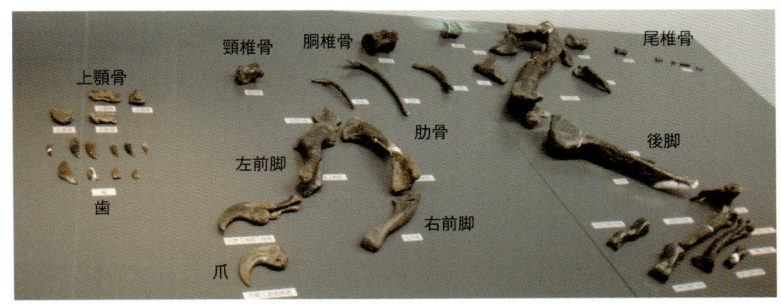

福井県勝山市で産出した**フクイラプトルのほぼ全体の概要がわかる骨格の化石**。歯を中心とする頭部や大きなカギ爪をもつ前脚、がっしりした後ろ脚の化石が発見されている。この骨格化石から全長4.2mの肉食恐竜と推測される（福井県立恐竜博物館蔵）

日本で発見されたティラノサウルスの祖先
アウブリソドン類
Aublysodontids
獣脚類(じゅうきゃく)

獣脚類

分 類	恐竜上目　竜盤目　獣脚亜目　ティラノサウルス上科　アウブリソドン科		
産 地	石川県、福井県、熊本県	地 層	手取層群、御船層群
時 代	白亜紀前期〜後期		
体長・特徴	60cm		
食 性	肉食		
共産化石	恐竜、爬虫類（カメ、トカゲなど）、哺乳類、両生類、魚類、昆虫類、二枚貝、巻貝、植物		

　アウブリソドンは初期のティラノサウルスの仲間、あるいはその近縁とされる恐竜である。化石は北アメリカやカナダでも発見されているが、日本でも手取層群や御船層群でこのアウブリソドンと断定できる化石が発見されている。

　そう断定できる材料は前上顎骨歯にある。これは前歯にあたる部分なのだが、この歯を水平に切断すると断面がD字形になる。

石川県白山市桑島（旧白峰村）で発見された**アウブリソドン類の前上顎骨の歯**。約3.5mm（提供／石川県白山市教育委員会）

これはティラノサウルスの前歯にも見られる典型的な特徴なのだ。そして歯の左右の縁（エッジ）は、ティラノサウルスにはステーキナイフのようなギザギザの鋸歯が見られるのに対し、アウブリソドンにはその特徴は見られず滑らかになっている。

　日本にもアウブリソドンのような初期のティラノサウルスが存在していたわけだが、じつはティラノサウルスの仲間の起源がアジアであるという説が有力になっている。中国の白亜紀前期の地層からはディロングやグアンロンと呼ばれる原始的なティラノサウルスの仲間が発見されているが、白亜紀後期になると北アメリカから、ティラノサウルスをはじめアルバートサウルスやゴルゴサウルスといった進化したタイプのティラノサウルスの仲間が発見されている。その境となる1億年前にはアジアと北アメリカが陸続きとなり、ティラノサウルスの仲間はアジアから北アメリカへ渡っていったのかもしれない。

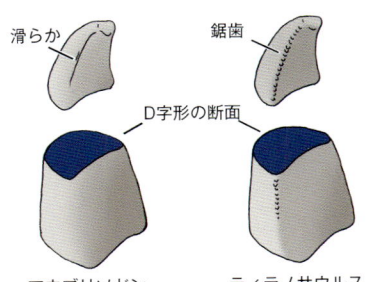

アウブリソドンとティラノサウルスの前上顎骨歯の特徴。アウブリソドンにはティラノサウルスに見られるギザギザの鋸歯が見られない。

太古の白山の主
白山の巨大獣脚類
Theropoda

獣脚類

白山で発見された**獣脚類の牙化石**。国内の獣脚類の牙化石の中ではもっとも大きく美しい標本だ。左の写真は歯の先端部を拡大したもの。先端に咬耗面が見え、両側に細かい鋸歯が並ぶ。ステーキナイフのような歯の形態と、前後に細かいギザギザの鋸歯があるという特徴から、肉食恐竜（獣脚類）であることがわかる。

分類	恐竜上目 獣脚類		
産地	石川県白山市(旧白峰村)手取川上流	地層	手取層群赤岩層群下部赤岩層
時代	白亜紀前期バレミアン期		
体長・特徴	8.5m以上。国内最大級の獣脚類		
食性	肉食。おもに草食恐竜を捕食していたと思われる		
共産化石	二枚貝(テトリニッポノナイア)、タニシ、カメ、植物		

　2008年、著者のひとり宇都宮が、石川県白山市(旧白峰村)の白峰上流の手取川で巨大な獣脚類の牙化石を採集した。現場一帯は手取層群赤岩層で、この標本が得られるまでは、赤岩層では恐竜の足跡の化石しか発見されていなかった。得られた標本の長径は8.2cm(歯冠〜歯根)で、完全な獣脚類の歯としては国内最大の大きさ。ちなみに、それまで最大の獣脚類の牙は、熊本県御船層群のミフネリュウのもので7.2cm。福岡県から産出したワキノサウルスの牙もかなり大きく、保存された部分で5.7cmだが、歯冠先端が折れており実際の長さは不明である。

　北アメリカの有名な獣脚類、アロサウルスの大型個体標本の歯と比較すると、ほぼ同じ大きさで、そこから体長は8.5m以上と思われる。手取層群から報告された獣脚類にフクイラプトルがいるが、その牙の長径は歯冠部3cmと、この標本の半分以下の大きさである。フクイラプトルの体長が4.2mと復元されているので、この標本はおよそその倍の体長と考えられる。また石川県白山市桑島(旧白峰村)の桑島化石壁(p.24)から産出した加賀竜の歯と形状は似ているが、加賀竜の歯は全長4.5cmで、大きさでは比較にならない。鋸歯は1mmにつき2個の割合で存在し、牙の縁の前と後ろで、数や大きさに変わりはない。また先端に雨滴状の歯ぎしりの痕が見られる。鋸歯の磨り減り具合や咬耗面(噛み合わせのときの磨れる面)の位置から、左側の上顎の歯と考えられる。

　白山山麓には、桑島化石壁や福井県北谷以外にもまだ未知の化石鉱脈が存在し、未発見の巨大な獣脚類が埋もれているのだ。この牙化石はその存在を示している。

石川県白峰上流の手取川で獣脚類の**牙化石を発見**。転石中に欠けた歯の一部が露出していた。指差した先に歯の化石が埋まっている。

発見記

白山で巨大獣脚類の牙化石を発見!

　2008年6月1日、金沢にしてはめずらしい6月の晴天に、白峰に向かう車の足どりも軽やかだった。急カーブ、フロントガラスごしに目にとびこんできた白山は、その頂に雪をかむり、神々しい輝きを放っていた。
「何だか、今日は化石が採れそうだ」
予感というより確信に近い思いがその日はあった。

　白山の手取層群の恐竜化石を採集することは、化石マニアたちにとっては夢のひとつではあるが、いざ採集となると厳しい現実の壁にぶちあたることになる。
　石川県下の手取層群から産出した恐竜化石のほとんどが、白山市桑島（旧白峰村）にある桑島化石壁（通称「化石壁」）からであるが、「化石壁」は国の天然記念物に指定されており、壁の露頭からの化石採集はもとより、近づくことすらままならないのだ。
「化石壁」は、明治期のドイツ人地質学者ライン博士による植物化石の発見によって、日本の「地質学発祥の地」として有名だ。
　1982年、福井県に住む女子中学生がこの崖下に落ちていた転石から、1本の黒光りする何者かの歯の化石を発見する。のちにこの化石が恐竜（獣脚類）の歯であると判明し、これが発端となってその後の一連の発掘調査が行なわれた。
　さらにその後、「化石壁」の裏にトンネルを掘ることになり、その工事の際の

石川県白山市桑島（旧白峰村）にある「**化石壁**」。明治期にドイツ人地質学者が植物化石を発見したことにより、日本の地質学発祥の地と言われている。国の天然記念物だ。

赤岩層から発見された**植物化石**。写真はシダの化石。手取層群からはラインマキやイチョウ、ソテツの仲間などの多様な植物化石が見つかっている。スケールは1目盛1cm。

廃石から、さらなる恐竜やカメ、トカゲの仲間、そして特筆すべきは、ジュラ紀後期には絶滅したと考えられていた、哺乳類に近い獣弓類、トリティロドン類（p.128）の歯化石が大量に発見されたことである。

最初に発見された獣脚類には通称「加賀竜」というニックネームがついた。

私（宇都宮）の記憶には、その後の調査で見つかったふたつ目の「加賀竜タイプ」の獣脚類の歯が鮮明に焼きついている。5cmほどの歯冠の先端には、明らかな歯ぎしり痕の咬耗面がしっかりと残り、その黒光りする姿は、日本でもこんなにすごい恐竜がいたんだと、強烈なインパクトを私に与えた。

ただ残念なことに、この「加賀竜タイプ」の化石はすばらしい保存状態にあるものの、その化石の特徴が獣脚類として一般的すぎて、属種の特定にはいたらなかったのである。「化石壁」の調査は2011年12月現在も継続しており、その成果は論文として続々と結実している。

私のぶちあたった壁というのは、この「化石壁」では採集ができないという現実であり、広く分布していて採集可能な桑島層以後の地層・赤岩層からは、足跡以外の、恐竜の本体は見つかっていないということだった。

だが、ある発見が突破口となり、私の恐竜発見への一筋の光が見えてくる。

2008年3月22日、福井県立恐竜博物館で開かれる国際恐竜シンポジウムに参加するため、私の恐竜化石の師である谷本正浩さんとふたり、そのころ住んでいた金沢から勝山の会場へ、白峰を経由して峠越えの道で向かった。

まだ春先早く、残雪があり、手取ダム湖の水は少なかった。

化石が採れそうな予感に、シンポジウムをそうそうに切り上げ、我々は白峰地

トリティロドンの想像図。タヌキほどの大きさで哺乳類と爬虫類の中間的な特徴をもっている。ジュラ紀末には絶滅したと考えられていたが、歯化石が発見されたことにより、手取では白亜紀前期まで生きのびていたことがわかった。

区上流の手取川に入った。

　白峰上流部は手取層群の赤岩層に属し、あるのはおもに正珪石（オーソコーツァイト）を含む砂岩の転石だ。この岩には炭化した木石（木の化石）以外、化石はほとんど見られない。むしろかなり風化の進んだ赤褐色をした泥岩を狙うと、タニシなどの貝化石が入っていた。

　泥岩は、数は少ないものの点在しており、その中の大きめの石を砕いたとき、不思議な化石が中にあることに気づいた。二枚貝の断面のように薄く板状でありながら、その断面はスポンジのような骨組織にも見えた。谷本さんに見せると、「カメの甲羅の化石だ！」とのこと。その化石が、私の手取層群ではじめて採集した脊椎動物の化石になった。

　カメやワニの化石は恐竜の化石と同じ場所から産出するケースが多く、その地層からはタニシや淡水の二枚貝が必ずといってよいほど産出すると言う。

　カメの化石が出た以上、手取川上流の赤岩層からも必ず恐竜が出る。そう私は確信した。

　その後、数日の探索を行なって、順々に手取川上流に歩を進めた。

　2008年6月1日、その日も河原にそって転石を注意深く探していった。目標は、あのタニシ、カメを含む赤褐色の泥岩だ。だが、ほとんどが砂岩の岩で、泥岩は見あたらな

手取川で採集した**タニシの化石**。ここが淡水域だった証拠だ。よく脊椎動物の化石と共産する。

手取川の河原で発見した**カメの甲羅の一部**。リクガメの仲間と思われる。カメやワニの化石は、恐竜の化石と同じ場所で産出する場合が多い。

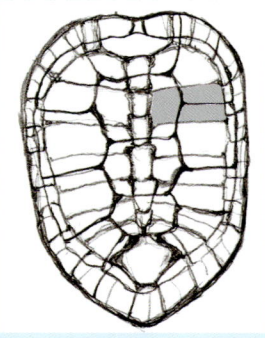

発見したカメの甲羅の化石（左の写真）は、図のグレーの部分にあたると思われる。

い。正午を過ぎ、私は昼食をとるため、巨大な砂岩の転石の上に陣どった。

おにぎりをほおばりながら、なんとなく下に目線をやると、なんと、その巨岩の根元に、化石を含んでいそうな泥岩があるではないか！

大人の頭ほどのその転石の表面には、タニシの化石とテトリニッポノナイアと呼ばれる赤岩層を特徴づける二枚貝の化石が浮き出していた。

すばらしい石だと裏返したその瞬間、私の視線はある一点に釘づけになった。

岩の欠けた一部が黒褐色の鈍い輝きを放っていた。その輝きには見覚えがあった。私が以前、アメリカのミネラルショーで購入したティラノサウルスの仲間の牙の断面の色とそっくりだったのだ。

まさかと思いながら、慎重にまわりの岩を割り欠くと、鋭くとがった巨大な牙が出てきた（p.23写真）。ギザギザの鋸歯は、疑いようのない肉食恐竜（獣脚類）のものであった。

自分でも全身の震えを止めることができなかった。不思議な高揚感に包まれながら、思わず白山の山の神に感謝した。

恐竜の牙と共産した、赤岩層を特徴づける**淡水二枚貝、テトリニッポノナイア**。

白山で発見した牙化石から想像した**巨大獣脚類**の図（右）。全長8.5〜9ｍと推定される。これは同じ手取層群から発見されているフクイラプトル（左）のほぼ２倍だ。

鳥に近い肉食恐竜
ドロマエオサウルス類

Dromaeosauridae

獣脚類

分 類	恐竜上目　竜盤目　獣脚亜目　ドロマエオサウルス科		
産 地	福井県勝山市北谷	地 層	手取層群北谷層
時 代	白亜紀前期アプチアン期		
体長・特徴	2.3m		
食 性	肉食		
共産化石	恐竜、ワニ、カメ、二枚貝、植物		

2007年夏に、恐竜化石が多産されることで知られる福井県勝山市北谷でこの恐竜の化石が発掘され、2年間のクリーニング作業（母岩〈化石を含むまわりの岩〉から化石を取り出す作業）により、全身の65％の骨格が発見された。そのため全身骨格の復元が可能となり、2010年にその姿が福井県立恐竜博物館に展示されている。

　展示されたこの恐竜は、典型的なドロマエオサウルス類の姿となっている。

　ドロマエオサウルス類は、北アメリカのディノニクスやアジアのベロキラプトル類などが有名で、後ろ脚の人差し指にあたる第2指だけを持ち上げ、そこからのびる湾曲した鋭いカギ爪が恐ろしい武器となりそうな小型の肉食恐竜。最近では羽毛で覆われた恐竜であるという見方が有力で、また長い腕は羽ばたくように動かすことができると言われ、系統的には恐竜の中でも、もっとも鳥類に近いとされるグループだ。

　ドロマエオサウルス類とされる福井県で発見されたこの小型の獣脚類は、ほかのドロマエオサウルス類とは明らかに違う特徴をもっている。肉食恐竜には、肉を切り刻みやすいように歯の縁にステーキナイフのようなギザギザの鋸歯が見られるが、この福井のドロマエオサウルスの歯にはその鋸歯が見られないのだ。そのため、今は名もなき恐竜であるが、将来は新種のドロマエオサウルス類として分類され、学名がつけられる可能性が高いのではないだろうか。

福井県立恐竜博物館に展示されている**ドロマエオサウルス類の全身骨格標本**。全身の65％の骨格化石が発見されたため、復元が可能となった。右はその骨格に肉づけしたもの。後ろ脚の第2指からのびる湾曲した鋭いカギ爪が特徴の小型の肉食恐竜だ（福井県立恐竜博物館蔵）

はじめての日本産巨大肉食恐竜
ミフネリュウ

Megalosauridae
獣脚類

分類	恐竜上目　竜盤目　獣脚亜目　カルノサウルス下目　メガロサウルス科		
産地	熊本県御船町上梅木	地層	御船層群下部層
時代	白亜紀後期セノマニアン期		
体長・特徴	約10m？		
食性	肉食		
共産化石	二枚貝		

この恐竜の化石は、1979年、小学１年生によって発見された。また、日本ではじめて発見された肉食恐竜ということもあって、かなり話題を集めたようだ。

　発見された地名からミフネリュウという愛称がつけられたこの恐竜は、発見されているのが歯１本のみであるものの、その大きさは先端が欠けても高さ7.5cmもある。その歯の縁には鋸歯と呼ばれるギザギザがあり、これは肉を嚙み刻むのに役立ち、肉食恐竜の歯に見られる典型的な特徴だ。この巨大な歯から、持ち主は全長10m近くもある肉食恐竜ではないかと言われている。1992年に正式に研究論文が公表され、メガロサウルス科の恐竜とされている。

　しかし、このミフネリュウが発見された地層は御船層郡の下部層で、汽水から浅海にかけて生息していたと見られる貝の化石が多産する地層である。つまり、当時は海だった場所である。おそらくこの恐竜の歯だけが、川の上流から海まで流され、そのまま堆積したものと考えられている。そのため、この歯化石の発見以後、御船層群下部層から恐竜の化石が産出することもなく、今後、この巨大肉食恐竜の全体像を知ることはほとんど不可能であろう。

　ちなみに、御船層群の下部層は浅海の堆積物からなるが、上部層は淡水の堆積物からなり、つまり陸上であったため、ティラノサウルスの仲間、アンキロサウルス類、テリジノサウルス類などの恐竜の化石が数多く発見されている。

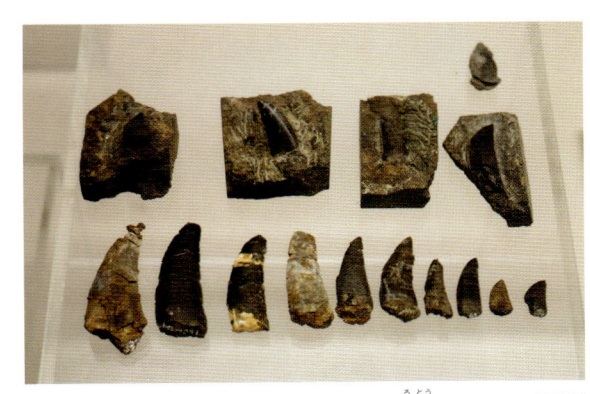

ミフネリュウ発見以降、熊本県の御船層群の別の露頭で発見された**獣脚類の歯**。多くの獣脚類の歯化石が得られている（提供／御船町恐竜博物館）

31

巨大爪にズングリ胴体。奇妙なスタイルの恐竜
テリジノサウルス類
Therizinosauridae

獣脚類

分 類	恐竜上目 竜盤目 獣脚亜目 テリジノサウルス科		
産 地	北海道中川町	地 層	蝦夷層群オソウシナイ層
時 代	白亜紀後期カンパニアン期（約8300万年前）		
体長・特徴	約5m？		
食 性	植物食		
共産化石	アンモナイト		

　テリジノサウルス類は、熊本県に分布する御船層群で1991年、後頭部にある脳函（脳を囲む骨）や歯が発見され、ごく最近では2011年兵庫県丹波市の篠山層群で丹波竜の第5次発掘調査の際に、歯化石が発見されている。

　2000年に北海道中川町で発見された化石は約8300万年前のもので、テリジノサウルス類のもっとも大きな特徴である、腕についた巨大なカギ爪が見事な形で産出されている。発見された爪化石は、先端が欠けているものの、長さは14cmにも達していたという。

　テリジノサウルス類は中国やモンゴルなどのアジアを中心に発見されているが、モンゴルで発見された代表種のテリジノサウルスは全長8〜11mという巨体を誇り、2mもある長い腕から70cmもある巨大な爪をのばしていた。この爪は肉食恐竜などから身を守るため、アリ塚を崩してアリを食べるためなどと言われているが、その用途についてははっきりとわかっていない。

　またテリジノサウルス類は、肉食恐竜の多い獣脚類に分類されるが、ほかの獣脚類とは体形がずいぶんと違った印象である。幅広い胴体と短く太い後ろ脚はすばやい行動には向かず、小さな歯は肉食には向いていないことから、おとなしい植物食恐竜で、長いカギ爪で木の枝などを手繰り寄せて木の葉などを食べていたのではないだろうか。

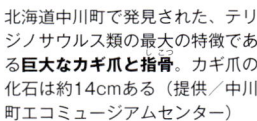

北海道中川町で発見された、テリジノサウルス類の最大の特徴である**巨大なカギ爪と指骨**。カギ爪の化石は約14cmある（提供／中川町エコミュージアムセンター）

羽毛をもったチビッ子ギャング
ベロキラプトル類
Velociraptorinae

獣脚類

分類	恐竜上目 竜盤目(りゅうばんもく) 獣脚亜目 ドロマエオサウルス科
産地	岐阜県高山(たかやま)市荘川(しょうかわちょう)町 / 地層 手取層群大黒谷層(てとり)(おおくろだに)
時代	白亜紀前期
体長・特徴	約2m?
食性	肉食
共産化石	恐竜、爬虫類(はちゅう)、魚類

　ベロキラプトルは、映画「ジュラシック・パーク」でもっとも悪役に徹していた肉食恐竜として、よくご存じのことだろう。本来、ベロキラプトルは、映画のような凶悪で鱗(うろこ)で覆(おお)われた爬虫類的なイメージとは違い、七面鳥(しちめんちょう)ほどの小さな恐竜で、鳥のように全身が羽毛に覆われ、前肢(ぜんし)（腕）には羽が並んでいたと想像されている。しかし映画のベロキラプトルと同じく、後肢(こうし)の殺傷(さっしょう)能力がありそうな大きく鋭いカギ爪は健在である。

　化石はおもにモンゴルや中国で発見されているが、国内でも岐阜県高山市荘川町の手取層群で、ベロキラプトルのものと思われる歯が発見されている。

　肉食恐竜の歯は、ナイフのような形で、その縁(ふち)が鋸歯(きょし)と呼ばれるギザギザになっているのが基本形であるが、その中でもこの歯化石(はかせき)は前と後ろの縁のギザギザの大きさが非常に異なるなどの特有の特徴が見られることから、ベロキラプトル亜科の歯であると判明した。

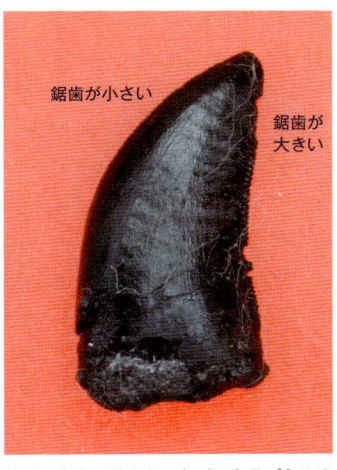

鋸歯が小さい　　鋸歯が大きい

岐阜県山中で見つかった**ベロキラプトルの歯化石**。前後で鋸歯の大きさが非常に違うのが特徴。歯の根元の太さ約7mm（提供／下島志津夫氏）

見た目も生き方も、ほとんど鳥
オビラプトル類
Oviraptoridae

獣脚類

分類	恐竜上目 竜盤目 獣脚亜目 オビラプトロサウルス上科		
産地	石川県白山市桑島（旧白峰村）	地層	手取層群桑島層
時代	白亜紀前期（約1億3000万年前）		
体長・特徴	70cm		
食性	雑食		
共産化石	恐竜、爬虫類（カメ、トカゲなど）、哺乳類、両生類、魚類、昆虫類、二枚貝、巻貝、植物		

　1998年の夏、石川県の白山市桑島（旧白峰村）の桑島層で調査のために採取した岩石の中から化石が発見された。

　発見された化石は湾曲した爪のある指先の骨で、その大きさは長さ23mm、厚さは3mm程度と小さなものだった。

　この小さな化石1点だけでは恐竜の種の特定は難しいが、この化石の形が、モンゴルの白亜紀後期の地層から発見されているオビラプトル類の中指にあたる第3指に似ていることから、オビラプトル類に属する恐竜であると考えられているようだ。

　骨の根元には筋肉と連結させるための突起が見られ、爪を筋肉のひっぱりによって上方に持ち上げることができる。この特徴も特定の決め手となっているようだ。

　オビラプトル類は羽毛が生えていたとされる小型の恐竜で、歯が退化した代わりに頑丈なクチバシをもち、また巣をつくって産んだ卵を抱卵している状態の化石も発見されていることから、その姿は恐竜というよりも鳥類というイメージが強い。

　オビラプトル類は白亜紀中期から白亜紀後期にかけて生息したグループであるが、白峰の桑島層で発見されたオビラプトル類は、白亜紀はじめの1億3000万年前に生息していた最古のオビラプトル類である。

石川県白山市桑島（旧白峰村）の桑島層で発見された**オビラプトル類の爪の化石**。左右約23mm。骨の根元に、筋肉と連結するための突起があることが、特定の決め手のひとつとなった（提供／石川県白山市教育委員会）

魚大好き恐竜
スピノサウルス類

Spinosauridae

獣脚類

分類	恐竜上目　竜盤目　獣脚亜目　スピノサウルス科		
産地	群馬県中里村（現神流町）	地層	山中層群瀬林層
時代	白亜紀前期アプチアン期（1億2000万年前）		
体長・特徴	約10m？		
食性	魚食		
共産化石	アンモナイト、貝		

スピノサウルスは背中に大きな帆をもち、全長は17mにもなる巨大な獣脚類。体型が細身であるため重量感で言えばティラノサウルスに劣るも、頭から尾の先の長さだけなら最大の獣脚類だ。そんなスピノサウルスの仲間が日本国内でも発見されている。

　1994年、瀬林層が露出した群馬県神流町に流れる間物沢川の川沿いで歯の化石が発見された。長さ6cm、太さ2cmの円錐形で、表面には細い溝が何本も走っている。

　この歯の持ち主はワニ、あるいはクビナガリュウや魚竜などの海生爬虫類であるという見方が強かったが、大型の獣脚類スピノサウルス類のものという可能性もあるという。

　肉食の獣脚類の歯は、その縁にギザギザの鋸歯があり、後方で反りかえる形をしているのがほとんどであるが、スピノサウルス類はワニの歯のように円錐形で、獣脚類の中では異質な歯をもつ。そのため食性もほかの獣脚類と異なり、魚食性であったと言われている。

　スピノサウルス類は、アフリカでスピノサウルスやスコミムス、イギリスでバリオニクスが発見されているが、そこから遠く離れた日本で発見されたことは、たいへん興味深い。

群馬県神流町で発見されたスピノサウルス類のものと思われる**歯化石**。長さ6cm、太さ2cm。ワニの歯のように円錐形で、獣脚類の中では異質な歯をもつ（提供／群馬県立自然史博物館）

典型的な獣脚類
カルノサウルス類
Carnosauria

獣脚類（じゅうきゃく）

分類	恐竜上目　竜盤目（りゅうばんもく）　カルノサウルス下目
産地	兵庫県篠山市（ささやま）（和歌山県湯浅町（ゆあさちょう）ほかからの産出例もある）
地層	篠山層群
時代	白亜紀前期（篠山層群はアルビアン期で約1億1000万年前）
体長・特徴	4～5m？
食性	肉食
共産化石	丹波竜（タンバリュウ）、トカゲ、カエル、貝エビほか

丹波竜化石の周辺で発見されたカルノサウルス類のものと思われる**歯化石**（はかせき）。クリーニング前の岩に埋もれた状態（提供／兵庫県立人と自然の博物館）

丹波竜（竜脚類）を産した篠山層群は、鉄分や石灰分を多く含む赤紫色の泥岩層で、もともと生痕化石（足跡や糞など生き物が活動した痕が化石となったもの）や貝エビの化石ぐらいしか見つかっていなかった。ところが、丹波竜が発見され、あたりを発掘すると多数の獣脚類の歯が発見された。つまり竜脚類の死骸に多数の獣脚類が群がったと想像できる。

　発見された獣脚類の歯の中には、ティラノサウルス科の仲間の断面がD字形の前歯をもつタイプに加えて、正体不明のカルノサウルス類タイプの薄いステーキナイフの形の歯が多数含まれている。

　カルノサウルス類は、アロサウルスの仲間を含む体の大きな獣脚類のグループに属する。大きな目に長めで狭い頭骨が特徴で、系統的には鳥よりアロサウルスに近い仲間と考えられている。フクイラプトル（p.18）もカルノサウルス類の仲間だ。

　ステーキナイフ状の一般的な獣脚類の歯は、カルノサウルス類のものとされることが多いが、丹波のカルノサウルス類とされた歯の中には、ティラノサウルス科の側歯（前歯以外の歯）も含まれているかもしれない。大型獣脚類が集団で狩りをした可能性があることは、丹波竜の周辺産状からも考えられる。

　関西地方では、丹波以外でも和歌山県の湯浅層群から、小型のカルノサウルス類と思われる歯の化石が見つかっている。

和歌山県湯浅町で見つかったカルノサウルス類のものと思われる**歯化石**。フクイラプトルの歯にも似ている。これが和歌山県で見つかっている唯一の恐竜化石だ。最大長2.6cm（提供／和歌山県立自然博物館）

ダチョウのような恐竜
サンチュウリュウ

Ornithomimidae

獣脚類

サンチュウリュウの胸胴椎骨の化石
（提供／群馬県立自然史博物館）

分類	恐竜上目 竜盤目 獣脚亜目 オルニトミムス科
産地	群馬県中里村(現神流町)
地層	山中層群瀬林層(汽水域から)。山中地溝帯と呼ばれる地帯に分布
時代	白亜紀前期アプチアン期(約1億2000万年前)
体長・特徴	約4m
食性	雑食
共産化石	恐竜(スピノサウルス)、貝

　1981年、国立科学博物館の加瀬友喜博士らが、瀬林層の貝化石を調査中にこの化石を発見した。加瀬博士は日本初の恐竜(モシリュウ、p.50)化石発見にもかかわっている。

　貝化石の研究者が恐竜化石を続けて発見することには、なんらかの因果関係があるものと思われる。ちなみに、植物化石の研究者が恐竜を発見する事例は少ない。

　これは骨と貝の比重が近いので周辺の地層から発見されやすいことや、貝の種類によってその地層が海成層・汽水層・陸成層のどれであるか見分けがつきやすく、恐竜の生息環境を探ることができることと関係しているかもしれない。

　発見された化石は大きな胸胴椎骨(背骨)で、オルニトミムス類のガリミムスの化石に近いとされたが、ガリミムスはアジアの白亜紀後期(約8000万年前)に生息しており、瀬林層の標本はより古い白亜紀前期(約1億2000万年前)であることから、オルニトミモサウルス類のより原始的な未定種とされている。

　オルニトミムス類の恐竜は、やや短い前肢に対して細長い後肢と細長い頸で、その頭部は小さく、大きな目をもっていた。これは現生のダチョウによく似た外観であり、オルニトミムス類の恐竜もダチョウのように俊敏だったはずだ。口はクチバシ状で、獣脚類なのに歯がなく、フィルター状になっており、現在のフラミンゴのように食べ物を濾過して食べていたのかもしれない。

　サンチュウリュウという名称は、山中地溝帯と呼ばれる産出地周辺の地層群にちなんで名づけられた。

コラム 日本列島はどうやってできた？

日本列島はどのようにできたのか。

その歴史は激しい地殻変動の連続であった。

日本という土地の起源は7億年前と言われるが、現在の日本列島のほとんどは「付加体」と呼ばれる堆積物からなっているらしい。

付加体とは、海洋プレートが海溝で大陸プレートに沈み込む際、海洋プレート上にあった堆積物が剥ぎとられ、その堆積物が大陸プレートの縁に付着したものである。

日本のもっとも古い付加体は、オルドビス紀（4億9000万～4億4300万年前）に形成された付加体であるそうだ。

その後、ペルム紀（2億9000万～2億5000万年前）、ジュラ紀（1億9960万～1億4550万年前）、白亜紀（1億4550万～6550万年前）と太平洋の海底から運ばれる堆積物が、北中国大陸の東縁で断続的にぶつかり、付加体は成長していった。

つまり、日本にあたる土地は付加体によって成長していったのだ。

このことから考えると、現在の日本の岩盤の分布は日本海側が古い岩盤で、太平洋側が新しい岩盤ということになる。

ところがである。実際の日本の時代ごとの岩盤の分布を見ると、不思議な現象が起こっている。

日本最古の付加体は日本に3カ所ある。日本海側の山陰地方や北陸地方に分布する「飛騨外縁帯」はわかるとしても、それよりも離れて太平洋側にある「黒瀬川帯」、完全に太平洋側にある「南部北上帯」は、オルドビス紀からデボン紀に形成された日本最古の付加体なのだ。

これはいったいどういうことなのか!?

これを解明するひとつの説がある。

それは約1億年前に大規模な横ずれ運動が起きたというものだ！

その横ずれの移動距離は、じつに1500kmとも言われている。

次ページの下の図のように、これで現在の日本の不思議な付加体の分布とつじつまが合うわけである。

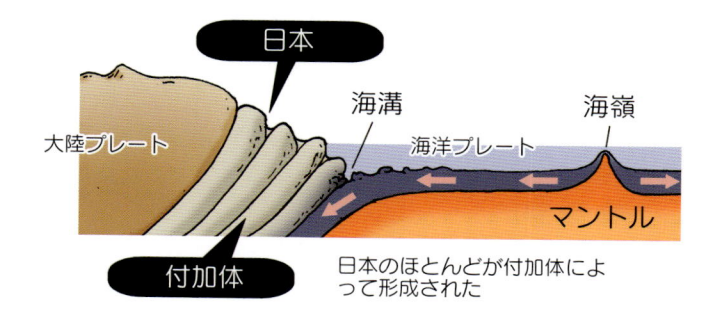

日本のほとんどが付加体によって形成された

横ずれ運動が起こる前の恐竜時代（1億年前）の日本は、かなり細長い土地だったらしい。

　そして大陸の東縁にあった日本だったが、約1500万年前にまた大きな地殻変動が起こり、東日本と西日本に分かれて観音開きするように大陸を離れ、その間に海が進入して日本海ができ、今のような弧状列島ができたようだ。

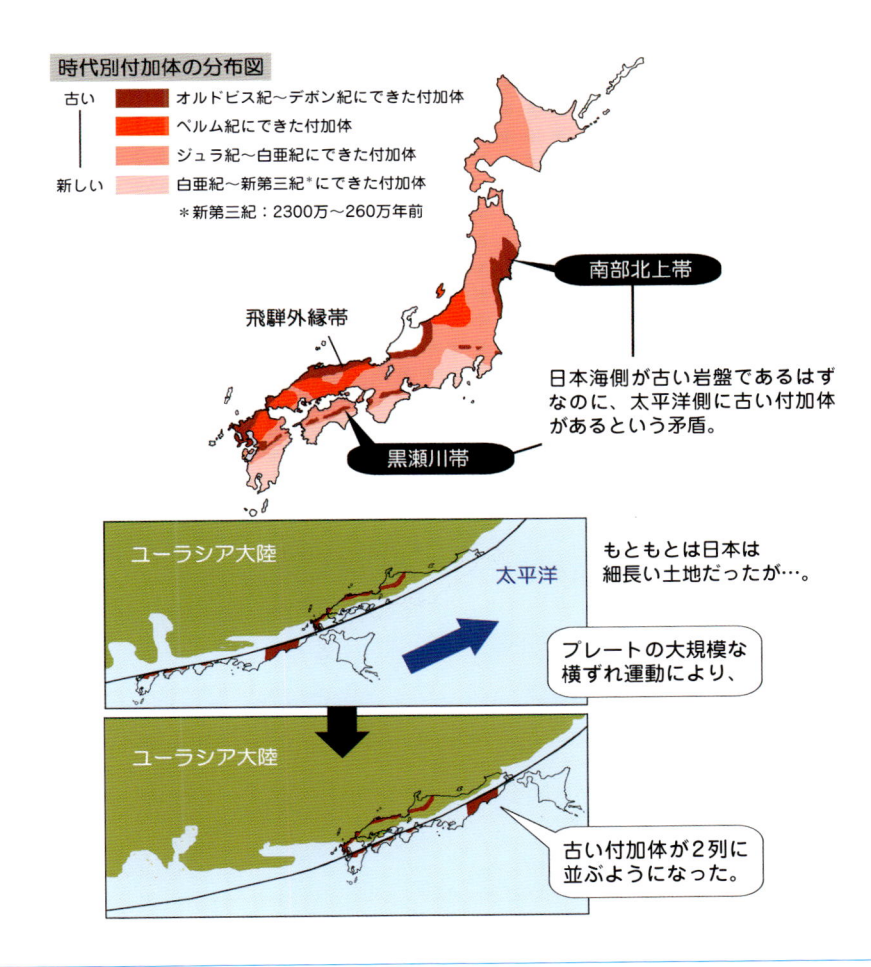

時代別付加体の分布図

古い
- ■ オルドビス紀～デボン紀にできた付加体
- ■ ペルム紀にできた付加体
- ■ ジュラ紀～白亜紀にできた付加体
新しい
- ■ 白亜紀～新第三紀*にできた付加体

＊新第三紀：2300万～260万年前

南部北上帯

飛騨外縁帯

黒瀬川帯

日本海側が古い岩盤であるはずなのに、太平洋側に古い付加体があるという矛盾。

ユーラシア大陸　太平洋

もともとは日本は細長い土地だったが…。

プレートの大規模な横ずれ運動により、

ユーラシア大陸

古い付加体が2列に並ぶようになった。

コラム 恐竜はこんな地層で発見される

恐竜は、三畳紀～ジュラ紀～白亜紀にかけての中生代にもっとも繁栄した。

日本のその時代の地層はおもに海で堆積しており（海成層）、おもに陸で暮らしていた恐竜は発見されないのではないかと考えられてきた。

しかし、1978年に岩手県岩泉町の海成層の露頭から、大型竜脚類の上腕骨の化石（p.51）が発見されてから、北海道の白亜紀海成層からもテリジノサウルス類の爪化石（中川町）（p.33）やハドロサウルス類の骨盤の一部（小平町）、ノドサウルス類の頭骨の一部（夕張市）（p.85）や、兵庫県淡路島の後期白亜紀に堆積した海成層からハドロサウルス類の下顎や脊椎骨の一部が発見されている（p.74）。

陸地から流された恐竜の死骸が、海中に堆積して化石化する過程でバラバラになるためか、発見されるのはほとんどが部分的な化石だ。

一方で、沼や河川で堆積した地層（陸成層）では、より高い確率で恐竜化石に出会うことができる。

石川県、富山県、福井県、岐阜県に広がる手取層群を筆頭に、熊本県御船層群や兵庫県丹波地方に分布する陸成層から、続々と未知の恐竜化石が発見されている。

福井県の手取層群から発見された一連の獣脚類化石には、フクイラプトル・キタダニエンシス、鳥脚類にはフクイサウルス・テトリエンシスと、新属新種として学名がつけられるほどまとまった骨化石が出ており、また、特に兵庫県丹波地方で2011年現在発掘中の標本名「丹波竜」は、日本で発見されるもっとも完全に近い竜脚類の標本になりそうだ。

海成層と比べると、陸成層からはよりまとまった恐竜化石を発見するチャンスがあると言えるが、海成層、陸成層を問わず、中生代の地層が分布する地域からは、恐竜化石を産出する可能性がある。

それが採集者の目にふれ、重要な化石と認識され、研究機関に持ちこまれてはじめて恐竜化石発見となる。

多くの採集者が、恐竜を見つけてやろう！という強い意志をもって地層や転石を探っていけば、まだまだ多くの恐竜化石が日本各地の中生代の地層から発見されるに違いない。

コラム　恐竜時代のポンペイ遺跡

　恐竜の化石で有名な石川県白山山麓、手取湖下流の手取川岸に露出した白亜紀層（手取層群桑島層）で、多数の生き物の這い跡化石が発見された。

　連続した左右に引っ掻いたような足跡と、その真ん中には尻尾を引きずったような跡が続く。

　研究によって、これは白亜紀に生息したカブトガニの仲間の這い跡化石と判明した。

　あたりからは、シジミやカキなどの汽水域（海水と川水がまじり合う水域）の生物の化石が得られており、その信憑性が裏づけられている。

　通常、足跡のような化石は保存されにくいが、カブトガニの這い跡化石を産した地層の上位面には、薄く火山灰が固まった凝灰岩が堆積していた。

　つまり、カブトガニたちが這いまわった直後に火山が噴火し、火山灰が覆ったことで、這い跡化石は奇跡的に残されたものと思われる。

　イタリアのローマ時代、火山の噴火で滅んだポンペイ遺跡では、人間が火山灰に覆われることで中空の化石のような状態で発掘されているが、手取層群のカブトガニの痕跡も火山灰のおかげで残されたと言えるだろう。

白山山麓で発見された**カブトガニの這い跡化石**。中央に尻尾を引きずった跡がある。

カブトガニが這った跡。尾が海底面に触れると一本線が残る。その左右の引っ掻いたようなくぼみは足跡だ。

コラム　白亜紀末の大絶滅——K／T境界*

　イタリア中部の町グッビオ近郊には、中生代（白亜紀）から新生代（第三紀）にかけての連続する地層がある。その地層中の白亜紀末（約6500万年前）の部分は煤けたような薄い黒色で、イリジウムという金属を多量に含むことが判明した。

　イリジウムは、おもに地球の深部や、隕石などの地球外の天体にあり、地表での発見は、かんらん岩などの地球深部からわき上がった岩石中などに限定される。

　このことから、隕石の衝突が、白亜紀末の大絶滅（恐竜などの大型爬虫類やアンモナイトなどが絶滅した）を引き起こしたのではないかと考えられた。衝突と同時に巨大な津波がおしよせ、大量の蒸気や粉塵が大気に巻き上がり、太陽光が遮断され、それによって地表は寒冷化し、追い打ちをかけるように硫黄分を含んだ酸性雨が容赦なく降り注いだ。これが、恐竜をはじめとする各種生物の大絶滅の引き金になったと想像されている。恐竜の一部（鳥）や哺乳類が、この危機を生きのびたのは寒冷化の状況でも恒温でいられる体の仕組みがあったからかもしれない。

　この地層は世界中から見つかり、白亜紀のドイツ語表記Kreideと第三紀の英語表記のTertiaryの頭文字を取り、K／T境界と呼ばれるようになった。そのK／T境界を形成した隕石が、地球上のどこに飛来したかはしばらくのあいだ不明だったが、1991年メキシコ、ユカタン半島の地中に巨大な隕石孔があることが、石油会社の掘削作業の副産物としてわかり、チチュルブクレーターと名づけられた。直径10kmほどの隕石が地球に衝突してできたと思われる、直径180kmに達する隕石孔だ。この隕石孔の周辺のK／T境界層は厚く、イリジウムのほかにも、小惑星の衝突によってしかできない小球体（スフェリュールと呼ばれる）や多量の煤も含まれており、ここがK／T境界がつくられる原因となった隕石孔と判定された。

　日本国内でもK／T境界の存在は確認されている。北海道浦幌町に分布する活平層がそれで、川流布川の川床からイリジウムを含む薄い地層が確認されている。

　また時代は新しいが、国内でも隕石孔が発見されている。南アルプス山中の御池山クレーターや高松市仏生山などがそうだ。隕石孔は磁気や重力の異常をともなうことが知られている。隕石衝突は過去の話ではなく、これからも起こりうる危機なのだ。

日本で発見されている北海道浦幌町のK／T層。 中央の白っぽい石灰岩に挟まれている黒い部分がK／T層。高濃度のイリジウムが検出されている（提供／足寄動物化石博物館）

*最近では、第三紀の最初の時代、古第三紀を示す英語paleogeneからK／Pg境界とも言われている。

もっとも巨大に成長した恐竜
竜脚類

　ディプロドクス、アパトサウルス、ブラキオサウルスなどがよく知られており、四足歩行の植物食恐竜で、長い首と尾をもち、大きく太い胴体をもつのが標準的な姿である。目立った特徴は、恐竜の中でももっとも体が大きく成長し、全長30mを超える種も少なくはなかったことだ。

　長い首は、あまり移動しなくても、広範囲の植物を食べるために役立っていたようだ。

　歯は鉛筆のような細長い形をしているのが大半で、餌となる植物を口の中ですりつぶしたり、嚙み砕いて食べることはできない。おそらく木の枝から木の葉などをすきとって、そのまま胃のほうへ流しこんだようだ。流しこまれた大量の植物を胃の中にある「胃石」と呼ばれる石ですりつぶし、消化を助けたと言われている。これだけの巨体を維持するには、このようにとにかく大量の餌を手っ取り早く体内に流しこむ必要があったわけで、大きな内臓を収めるために大きな胴体をもったようだ。

　竜脚類はジュラ紀後期が全盛期であったが、白亜紀に入り、葉の堅い被子植物が繁栄したため、それをすりつぶして食べることのできる鳥脚類のイグアノドン類やハドロサウルス類が台頭するようになり、竜脚類は徐々に衰退していった。しかし鳥脚類恐竜の少なかった南半球では竜脚類のティタノサウルス類が依然として繁栄しており、一部は北半球にも生息していたようだ。

　日本でもティタノサウルス類が生息していたことがわかっており、日本国内では白亜紀前期の地層から国内最大級と称される兵庫県の丹波竜や三重県の鳥羽竜、国内初の恐竜化石と言われる岩手県のモシリュウが発掘されている。いずれも全長20m近いと推測される巨大恐竜で、分類が未定のモシリュウを除くと、これらもティタノサウルス類に分類される恐竜である。

日本で最初に見つかった恐竜
モシリュウ

Diplodocidae?
竜脚類（りゅうきゃく）

50

分類	恐竜上目　竜盤目　竜脚亜目　ディプロドクス科？		
産地	岩手県岩泉町茂師	地層	宮古層群田野畑層
時代	白亜紀前期		
体長・特徴	約20m？		
食性	植物食		
共産化石	サンゴ、アンモナイト		

　1978年、岩手県岩泉町で1億2000万～1億年前の地層から、恐竜の中でももっとも体が大きく成長した竜脚類恐竜の上腕骨が発見された。かつて日本領であった樺太（サハリン）で発見されたニッポノサウルス（p.64）を除けば、国内初の恐竜と断定された化石で、「モシリュウ」という愛称がつけられた。

　中生代は日本列島が存在せず、ほとんどが海だったため、現在の日本から恐竜の化石なんて発見されることはないだろうと考えられていたが、このモシリュウの発見をきっかけに、日本で恐竜化石発見の朗報が相次いでいる。

　発見された上腕骨は両端が欠損しているが、完全な形での長さは1mになると言われている。そしてこの骨から推定すると、全長およそ20mもある巨大恐竜となる。左右対称にくびれた形の上腕骨は、中国のマメンチサウルスという頸がとても長い竜脚類の上腕骨と似ており、当時マメンチサウルスはディプロドクス科に分類されていたため、モシリュウもディプロドクス科の竜脚類として学術的な発表がなされた。しかし現在、マメンチサウルスはディプロドクス科には含めないという見解がなされており、モシリュウは分類上、所属不明の竜脚類となってしまっている。

1978年に岩手県で発見された**モシリュウの上腕骨の化石**。両端が欠けているが、完全な形では長さが1mあると言われる（撮影協力／国立科学博物館）

モシリュウに続く国内最大級恐竜第2弾
鳥羽竜（トバリュウ）
Titanosauroidea

竜脚類（りゅうきゃく）

1996年に発見された**鳥羽竜の右大腿骨**の化石。長径128cm。これから全長16m以上、体重31～32tの国内最大級の竜脚類と推定される（三重県立博物館蔵）

三重県鳥羽市の**鳥羽竜発掘現場**で調査中の写真。潮によっては海面下になるため発掘作業は困難をきわめたが、左右の上腕骨、左右大腿骨、脛骨、椎骨などまとまった竜脚類の化石が発見されたのは国内初（提供／高田雅彦氏）

分類	恐竜上目 竜脚下目 ティタノサウルス科
産地	三重県鳥羽市安楽島町 砥浜海岸
地層	秩父累帯 中帯松尾層群
時代	白亜紀前期オーテリビアン期（約1億3000万年前）
体長・特徴	体長16〜18m、体重31〜32t
食性	植物食
共産化石	鳥脚類の足跡、汽水性の二枚貝やサメ（ヘテロプチコダス）など

　1996年、三重県鳥羽市安楽島町の海岸に分布する松尾層群の地層の中から、市井の化石研究者により岩盤に露出した大きな骨化石が発見された。第一発見者によれば、発見当初は珪化木の化石かと思ったのだが、骨化石に詳しい研究者に見せたところ、恐竜の骨と断定されたという。その後、三重県立博物館に連絡し、大規模な発掘調査につながった。発見された場所が潮の干満の影響を受ける場所であり、重機による岩盤からの化石の取りはずしは困難をきわめた。

　竜脚類のまとまった化石としては国内初の標本であり、発掘後のクリーニングにより、保存された部位が、左右の上腕骨、板状に扁平な形態の左右大腿骨（太ももの骨）、そのほか脛骨、椎骨などであることがわかった。推定全長は16m以上、これは国内最大級だ。その後、研究が進み、竜脚類ティタノサウルス類の一種ということがわかったが、属種の特定にはいたっていない。

　同産地からは、別個体と見られる竜脚類の歯化石や、鳥脚類と思われる足跡化石、汽水性のカキやハヤミナなどの二枚貝や、同じく汽水性のサメの化石も見つかっており、鳥羽竜が生息していたころの古環境の復元に役立つものと思われる。

発見記

アマチュア化石ハンターの熱意が実った鳥羽竜（トバリュウ）の発見

　日本の恐竜化石の発見には、アマチュア化石ハンターたちのたゆまぬ研究努力と視点が貢献（こうけん）することがある。
　鳥羽竜の発見はまさにその好例と言えよう。

　1996年、4人のアマチュア化石ハンターたちが、三重県鳥羽市白根崎（しらねさき）海岸を化石を探しながら歩いていた。彼らの狙いは、この海岸付近に分布する松尾層群（まつお）の泥岩（でいがん）層から恐竜化石を見つけること。
　メンバーのひとり、谷本正浩さんは高校の美術教師だが、恐竜が好きで、ある研究論文から鳥羽周辺に白亜紀前期の貝や植物化石が産出することを知った。その論文を読むうちに、ここから恐竜が出るのではと夢想するようになった。それで化石採集仲間を誘い、目星をつけた白根崎周辺を調査していたのだ。
　松尾層群から産出するおもな化石は、汽水（きすい）性の二枚貝や巻貝、そして植物化石など、化石マニアにとっては、アンモナイトやサメの歯などの化石と比べて地味

鳥羽竜を産した安楽島（あらしま）町の海岸。遠景に恐竜を産した産地と重機（じゅうき）を用いた発掘作業が行なわれているのがわかる。満潮時には海面下に没するところで、発掘は大がかりなものになった（提供／高田雅彦氏）

で魅力が小さいと映ってしまいがちなものだ。

　4人は黙々と海岸に露出した地層表面を目視していった。
　表面に浮き出した巻貝やカキの化石は見つかるものの、恐竜の化石はそう簡単には見つからない。
　時間ばかりが過ぎていった。
　いよいよ帰り間際になって、メンバーの高田雅彦さん（和泉山脈でモササウルスを見つけるなどした有名な化石ハンター）が、珪化木様の化石を皆に差し出した。大きな木石を見つけて、その一部を割り欠いたというのだ。
　化石を見るや谷本さんは、それが巨大な恐竜の化石であることを見抜いた。
　その根拠はこうだ。
「化石の断面が、周囲は厚い緻密質、中心部が海綿質であった。これは陸生の大型動物化石の特徴と一致する。体を支えるため、緻密質が発達するからだ。白亜紀の松尾層からの陸生の大型動物化石とすれば恐竜しかない。なにより木の化石なら年輪があるはずだ」
　もうひとりの鳥羽竜発見メンバーの藤本艶彦さんは、以前、野尻湖での化石調査で昆虫化石のパートを受け持つなどの実績のある、ミクロの視点をもつハンターだ。
　彼は後日、化石片を薄いプレパラートにして、この化石に、動物の骨化石に特有に見られるハーバス管という構造が存在することをつきとめた。
　こうしてメンバーは、採集した化石は恐竜のものであり、さらにほかの部分の化石もそばにあるのではないかと、確信を深めていった。
　しかし、発見して割り欠いた化石

鳥羽竜の大腿骨化石の一部。まるで炭化した木の化石のように見える。発見時に現場で撮影した（提供／藤本艶彦氏）

鳥羽竜の化石片を薄くプレパラートにしたもの。小さな楕円状の**骨の細部組織**がはっきりと見える（提供／藤本艶彦氏）

の残りは硬い岩盤中に残されており、満潮時には海面下に没する場所だった。とても個人の手に負えるものではないと判断した彼らは、この大発見を三重県立博物館に報告し、協力を仰いだ。

　大発見の報に、三重県は調査団を結成し、日本でなだたる古生物学者たちを鳥羽の現場に招聘（しょうへい）した。学者たちは発掘、研究をサポートすることでそれに答えた。

　調査団による研究レポートに学術的な成果が記載されたが、当時としては日本でもっとも巨大で、かつまとまって発見された竜脚（りゅうきゃく）類の化石であることが判明した。

　発見後、地元では鳥羽恐竜研究振興会が発足して、県内外の子どもたちへ化石発見の意義を伝える活動を地道に展開している。

　鳥羽竜の発見は単なる偶然ではなく、恐竜を見つけたいという強い信念をもったアマチュア化石ハンターたちの、地道な研究と執念の結果と言えるのではないだろうか。

　ところで、鳥羽竜発見については後日談がある。

　鳥羽での恐竜化石発見を知ったある化石ハンターが、以前自分もその産地を訪

海岸露頭に残る化石骨。地層の奥深くに埋もれており、これ以上、人力での発掘は難しい。あとは重機の力に頼ることになる（提供／藤本艶彦氏）

れたことを思い出した。現場で大きな木の化石を見つけ、割り欠いて一部を持って帰っていたのだ。

　展示された鳥羽竜を見学する機会があり、気になってこの化石片を持参したところ、鳥羽竜の欠け口にぴったり収まったという。

　つまりこのハンターは恐竜化石を見つけていながら、その正体の探究が甘かったばかりに、発見の栄誉を逃してしまっていたのだ。

　さて、後日、現地を訪れた私（宇都宮）は、竜脚類が発見された地層にほど近い露頭（ろとう）に、鳥脚類（ちょうきゃくるい）の足跡（あしあと）化石が露出しているのを確認した。

　竜脚類の周辺には、別の草食の鳥脚類の仲間もいたのだ。

　また、未発見だが、当然、彼らを狙う獣脚類（じゅうきゃくるい）もいたことだろう。鳥羽はまだまだ大物が発見される可能性を秘めている。

鳥羽竜発見現場近くの露頭で**鳥脚類と思われる足跡化石**を発見。竜脚類の周辺には草食の鳥脚類も暮らしていたのだ（提供／谷本正浩氏）

国内最大級の恐竜第3弾
丹波竜(タンバリュウ)

Titanosauriformes

竜脚類

後面　右側面　前面

5cm

頭部の一部、**脳幹(のうかん)と呼ばれる部位**。脊髄(せきずい)や神経を通す穴がある（提供／兵庫県立人と自然の博物館）

篠山川に面した**丹波竜の発掘現場**。連続した椎骨(ついこつ)（尾椎(びつい)）が確認できる（提供／兵庫県立人と自然の博物館）

58

分類	恐竜上目　竜盤目　竜脚亜目　ティタノサウルス形類		
産地	兵庫県丹波市山南町	地層	篠山層群下部層
時代	白亜紀前期（1億4000万～1億2000万年前）		
体長・特徴	約20m？		
食性	植物食		
共産化石	恐竜、哺乳類、カエル、貝エビ		

　丹波竜がはじめて発見されたのは2006年8月7日。丹波市在住の男性2人が篠山川で地面から肋骨の一部が露出しているのを発見。それを掘り起こして、専門家に鑑定を依頼し、恐竜の化石と判明した。

　その後、これはとても重要な発見であると判断され、2011年現在まで5度にわたる大がかりな発掘調査が行なわれた。

　発掘された部位は、長いもので1.5mもある肋骨、見事に原型をとどめて連なった尾椎とそれにつながる骨盤の一部である腸骨（腰の骨）、頭骨の一部など、数多くの骨が発見されるというきわめて保存状態の良好な恐竜化石で、世界的に見てもまれな発見である。

　発見された骨の形態から見て、白亜紀に繁栄した竜脚類ティタノサウルス形類で、その中でも比較的原始的なタイプであると見られており、全長は20mほどと推測。国内最大級の大物恐竜である。

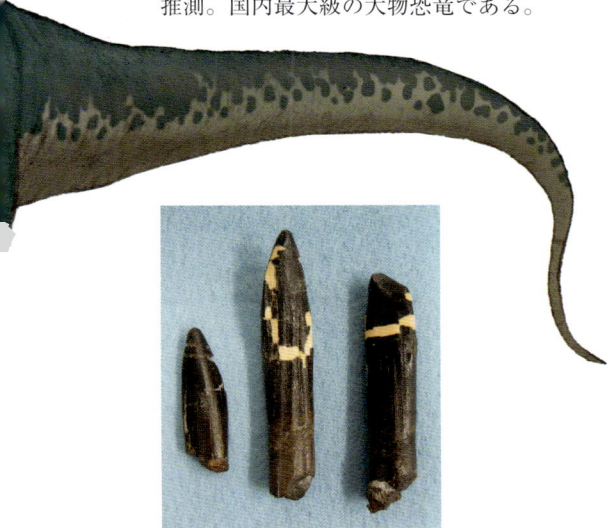

丹波竜の歯化石。咀嚼によってすり減った歯もある（提供／兵庫県立人と自然の博物館）

　5度にわたる発掘調査では、肉食恐竜のカルノサウルス類の歯なども発見されており、丹波竜が発見された篠山層群では、テリジノサウルス類や角竜類、鎧竜類などの恐竜化石が最近になって数多く発見されるようになった。

　篠山層群は、地層の成り立ちや年代が、恐竜化石を多産する北陸地方の手取層群と似ており、以前から専門家のあいだでは恐竜化石が発見される可能性が高いと見られていた。

福井の巨人という名の竜脚類
フクイティタン

Fukuititan nipponensis

竜脚類(りゅうきゃく)

福井県立恐竜博物館に展示されている**フクイティタンの化石**。歯や上腕骨、大腿骨などの化石が発見された（福井県立恐竜博物館蔵）

分 類	恐竜上目 竜盤目 竜脚亜目 ティタノサウルス形類		
産 地	福井県勝山市北谷	地 層	手取層群北谷層
時 代	白亜紀前期バレミアン期		
体長・特徴	約10m？		
食 性	植物食		
共産化石	恐竜、ワニ、カメ、淡水性二枚貝、植物		

　2007年に歯や上腕骨、大腿骨など20点が発見され、その後の研究で、尾椎の形や坐骨の先端がやや広がっているなどの、ほかの竜脚類にはない特徴が見られることから、新属新種であることが判明。フクイティタン（属）ニッポネンシス（種）という学名が与えられた。国内で発見された竜脚類の中では、はじめて学名が認定された恐竜となる。

　フクイティタンは、恐竜の中でももっとも大型に成長する植物食の竜脚類の仲間で、「福井の巨人」を意味するフクイティタンという名前ではあるものの、全長はおよそ10㎝と推測されている。国内で発見された、フクイティタンと同じ竜脚類ティタノナウルス形類には、兵庫県丹波市で発見された「丹波竜」（p.58）、そして三重県鳥羽市で発見された「鳥羽竜」（p.52）がいる。両者とも20m近い全長と推測されており、それに比べるとフクイティタンはかなり小型な個体となる。

コラム 恐竜1匹発見すれば2匹、3匹

　たとえば、獣脚類(じゅうきゃく)(肉食恐竜)の歯の化石を1本見つけたとしよう。

　その化石を含む地層から、この歯の持ち主の本体が出る可能性はもちろんのこと、じつはこの歯には、もっと大きな可能性が秘められている。

　獣脚類は生息当時、生態系の頂点に位置した生き物で、現在のアフリカのサバンナならライオンにあたる。

　ライオンが生きるためには最低その10倍以上の草食動物類が必要だ。

　つまり獣脚類が生態系の頂点に君臨(くんりん)した中生代には、その何倍もの草食恐竜がいた可能性があるということだ。

　また、オスがいればメスがいる。親がいれば、当然その子どもや仲間も近くにいたと考えるのは自然なことだ。

　ただ、化石化する過程で、家族、仲間もろとも化石になる可能性は低い。

　しかし、世界各地ではボーンベッドと呼ばれる、骨化石が大量に発見される地層がある。

　河川の氾濫(はんらん)で上流各所から流された恐竜がよせられたまる場所が土砂で急速に覆(おお)われて、ボーンベッドが形成されたと考えられている。

　つまり、1匹の恐竜の化石を見つければ、次の恐竜が発見される可能性が高いということだ。

　日本では、石川県の桑島化石壁(くわじまかせきかべ)や福井県北谷(きただに)がこのボーンベッドに近い、まさに「化石鉱脈(こうみゃく)」と言える産地だ。

　当然、恐竜化石だけでなく、同じ地層から発見されるカメやワニ、翼竜類(よくりゅう)、小さなトカゲや哺乳類(ほにゅう)、貝や植物も当時の恐竜の生息環境を復元する大切な証拠となる。

　細心の注意を払って地層を見ていけば、今までつまらないものに映っていた化石が、次の大きな発見の足がかりとなるかもしれないのだ。

　化石採集の世界では、「柳の下に2匹めの恐竜はいる」。これが鉄則だ。

植物の変化に適応して進化した恐竜

鳥脚類

- 獣脚類
- 竜脚類
- **鳥脚類**
- 周飾頭類
- 装盾類
- 翼竜類
- 長頸竜類
- モササウルス類
- その他

　代表的なものではイグアノドン、パラサウロロフス、ランベオサウルスなどがあげられる。基本的には二足歩行の植物食恐竜であるが、大型種になると時折、四足歩行をする。鳥脚類は大きく分けて、ヘテロドントサウルス類、ヒプシロフォドン類、イグアノドン類、ハドロサウルス類に分類されるが、もっとも進化したハドロサウルス類は世界のすべての大陸に分布し、植物食の恐竜としてもっとも成功し、繁栄したグループであったようだ。

　鳥脚類が植物食の恐竜として成功した理由は、植物を咀嚼し、効率よくその栄養を摂取できたことにほかならない。植物を食べていたディプロドクス類やティタノサウルス類などの竜脚類は、顎の動きに制限があるため、植物をそのまま丸呑みにして胃に流しこんだが、イグアノドン類やハドロサウルス類は、びっしり並んだ頬歯（前臼歯と臼歯）で植物をすりつぶすように咀嚼し、食べ物に含まれる栄養素を取り出しやすいようにすることで、体内に効率よく吸収することができた。恐竜の中でも突出した咀嚼能力が大きな特徴と言えよう。そのため、白亜紀に入ると、北アメリカやアジアなどの北半球で、同じ植物食の恐竜であるが、竜脚類よりも鳥脚類がかなり目立つようになった。

　また、ハドロサウルス類の中には頭にいろいろな形状のトサカをもつものがいる。トサカは鼻孔に直結する中空で、嗅覚の増大や鳴き声を増幅させる機能があったと考えられ、仲間とのコミュニケーションができたとも言われており、意外とその生態は多彩であったと思われる。

　日本国内で発見された鳥脚類は、イグアノドンの仲間である福井県のフクイサウルス、樺太（サハリン）で発見されたハドロサウルス類のニッポノサウルスがいずれもよく知られている。

日本人がはじめて研究した恐竜
ニッポノサウルス

Nipponosaurus sachalinensis

鳥脚類

分類	恐竜上目　鳥盤目　鳥脚亜目　ハドロサウルス科		
産地	樺太（サハリン）	地層	蝦夷層群
時代	白亜紀後期カンパニアン期（8300万～8000万年前）		
体長・特徴	約4m		
食性	植物食		
共産化石	アンモナイト		

ニッポノサウルスは1934（昭和9）年に、かつて日本の領土であった樺太（サハリン）の川上炭鉱で化石が発見され、はじめて日本人によって学名がつけられた恐竜である。

　ニッポノサウルスは8300万〜8000万年前に生息した恐竜で、その白亜紀後期に北アメリカ大陸やアジアでもっとも繁栄した、ごくありふれた植物食のハドロサウルス類に分類される。

　ハドロサウルス類はカモのような平らなクチバシをもち、その口の奥にはデンタルバッテリーと呼ばれる、微細な歯が集合化し、おろし金のようになった歯がある。クチバシでついばんだ植物を、そのデンタルバッテリーですりつぶして食べたものと思われる。おそらく、白亜紀になって繁栄しはじめた堅い被子植物を噛み砕くための適応と考えられる。

　近年、ハドロサウルス類の研究が進んだおかげで、ニッポノサウルスの標本はまだ子どもであったことがわかり、体長4mほどであるが、大人になるまで生きていたら、さらに大きく成長したと思われる。またハドロサウルス類の中でも、発達した中空のトサカをもつランベオサウルス亜科に近縁な恐竜であることがわかってきている。

ニッポノサウルスの全身の復元骨格。化石は全身の60％が発見されている。まだ子どもで、体長約4m（提供／北海道大学総合博物館）

はじめて学名がついた国産恐竜
フクイサウルス
Fukuisaurus tetoriensis

鳥脚類

分類	恐竜上目　鳥盤目　鳥脚亜目　イグアノドン科		
産地	福井県勝山市北谷	地層	手取層群北谷層
時代	白亜紀前期バレミアン期		
体長・特徴	約4.7m		
食性	植物食		
共産化石	恐竜、ワニ、カメ、淡水性二枚貝、植物		

1989年、フクイラプトル（p.18）など恐竜化石がもっとも多く発掘される福井県勝山市で発見された。

　植物食の恐竜で、歯のないクチバシで植物をついばみ、口の奥にあるビッシリと敷きつめられた歯列で植物を咀嚼する。咀嚼する際に、植物を口からこぼさないよう頬袋があったかもしれない。

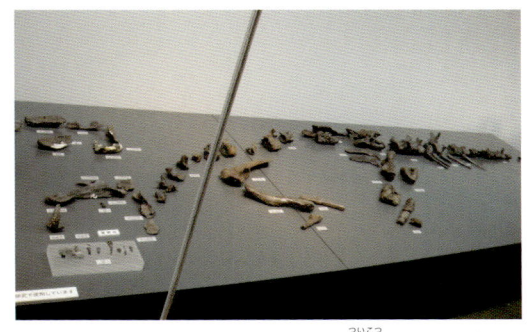

発掘された**フクイサウルスの化石**。頭部や椎骨など、体の主要な部分が見つかっている（福井県立恐竜博物館蔵）

　フクイサウルスはイグアノドン類に分類される恐竜で、イグアノドン類は白亜紀前期にヨーロッパを中心にもっとも繁栄した恐竜のひとつだ。イグアノドン類の大きな特徴は、前脚の第1指（親指にあたる）が鋭いスパイク状になっていることだ。おそらく、肉食恐竜などの敵との接近戦で、これを突き立てて身を守る武器として使っていたのだろうというのが、よく言われる見解である。

　フクイサウルスは保存状態のよい頭骨が発見されており、その上顎骨の構造に特有性が見られた。このことから、フクイサウルスはイグアノドン類の新属新種として、2003年に「フクイサウルス・テトリエンシス」という学名が与えられることとなった。

福井県立恐竜博物館に展示されている**フクイサウルスの復元骨格**。前脚の第1指が鋭いスパイク状に復元されている（提供／福井県立恐竜博物館）

イグアナのような歯をもつ恐竜
イグアノドン？の仲間

Iguanodon? Ornithischia, gen. et sp. indet

鳥脚類

分類	恐竜上目 鳥脚類 属種未定		
産地	鹿児島県長島町獅子島	地層	御所浦層群獅子島層
時代	白亜紀後期セノマニアン期（約9500万年前）		
体長・特徴	約5m？		
食性	植物食		
共産化石	カメ、植物		

鳥脚類

著者のひとり宇都宮によって、2009年、鹿児島北部に位置する獅子島の海岸に分布する赤紫色の泥岩層中から、特徴的な歯の化石が発見された。

　歯冠部の表面の隆起線などから、大型鳥脚類イグアノドン類の歯と類似していることが判明した、鹿児島県初の草食恐竜の化石だ。

　イグアノドンは、おもにヨーロッパの白亜紀層から発見されている。今回の標本の鑑定にも、イギリス、オックスフォード大学所蔵のワイト島からの標本が比較に用いられた。獅子島標本は、イグアノドン類の右上顎の歯と鑑定されている。

2009年、鹿児島県獅子島の海岸で発見した**イグアノドン類の歯化石**。歯冠表面の隆起が特徴だ。長さ約3cm。

　イグアノドン類は植物食の恐竜で、ギザギザの粗い鋸歯を備えた木の葉型の歯をもち、効率よく植物を嚙み砕くことができた。白亜紀セノマニアン期～コニアシアン期のあいだに植物界に、堅い葉をもつ被子植物の繁栄という大きな変化があり、それにあわせて、イグアノドン類はハドロサウルス類のような歯をもつ恐竜に移行していったと考えられている。

　イグアノドン類は生息時、二足でも四足でも歩行したようだ。

　イグアノドン類の化石は、同じ九州の御船層群からも発見されている。

発見記

キラリと黒く輝く歯化石が！
鹿児島県初の草食恐竜の発見

　2009年8月12日、鹿児島県長島町獅子島東部の海岸の岩場に向かう瀬渡し船の舳先に私（宇都宮）はいた。

　天候は時折、雨が混じり、海上は波も高かった。

　クビナガリュウ（サツマウツノミヤリュウ、p.98）をこの獅子島で発見してから、私の次なる密かな願いは、島の東部におもに分布する陸成層（獅子島層）から恐竜を見つけることだった。2004年当時、鹿児島県からはまだ、恐竜化石は見つかっていなかったのだ。

　その4年後の、2008年、熊本大学の大学院生が、鹿児島県の東シナ海上に浮かぶ、下甑島に分布する姫浦層（約7000万年前）から肉食恐竜（獣脚類）の小さな歯や肋骨を発見し、2009年の日本古生物学会で発表された。

　私は、より古い地層（白亜紀セノマニアン中期、約9500万年前）が分布する獅子島層にも、恐竜が眠っているに違いないと夢想するようになっていた。

　しかし、勤務地の大阪から鹿児島の離島への化石採集の旅は、金銭的にも時間

化石産地までは急峻な岩場が続くため、瀬渡し船にて産地の獅子島東部の海岸に上陸。遠くに見えているのは恐竜を産することで有名な御所浦島だ。

的にもおいそれとは許されず、調査する機会はなかなか訪れなかった。

　2009年8月、妻の実家がある鹿児島に帰省した私は、1泊2日で久しぶりに獅子島での化石調査を楽しむことにした。当然、下甑島での恐竜発見に刺激を受けてのことだった。

　水俣（みなまた）から、高速船で獅子島に渡り、初日はクビナガリュウを発見した幣串（へぐし）の海岸をアンモナイトを探して散策した。久しぶりの化石採集で錆（さ）びついた採集感覚をリハビリする幸福な時間を過ごした。その日はそうそうに宿に帰り、名物の鮮魚を肴（さかな）に一杯楽しみ、早めに床に着いた。

　翌日、早朝から、瀬渡し船で目的地である島東部の海岸を目指した。

　遠景に恐竜を産する御所浦島（ごしょうらとう）が望めた。

　船は、大きな岩が転がる岩場に着岸しようとするが、波が荒く、舳先が流され、何度目かのトライの末、私はやっとのことで岸に飛び移ることができた。船は夕刻の再来を約束して出航した。

　あたりには砂岩と陸成（りくせい）の赤紫色の泥岩（でいがん）が互層（ごそう）をなしており、恐竜が出そうな雰囲気がプンプンと漂っていた。

　しばらく海岸を散策すると、岩盤に薄い板状の化石が貼りついていることに気づいた。

　薄い長方形で、表面が波に洗われて装飾は削られているものの、

黒い部分が、**カメの甲羅の一部**と思われる平板状の骨片。恐竜探査の目印になった。海岸で発見したときに持っていたカメラで写したものだ。

イグアノドンの**歯化石（はかせき）を発見した海岸の露頭**。陸成層と思われる。赤紫色の泥岩層の中でキラリと光っていた。

71

動物の骨組織を示す海綿状の模様が現われていた。

その化石には見覚えがあった。

石川県の白山の獣脚類の牙を発見した際、道しるべになったカメの甲羅片にそっくりだったのだ。

恐竜は近いぞ。

周辺の岩盤や転石を注視すると、ひとつの転石に視線が止まった。

波にさらされて丸くなってはいるものの、それは表面に骨の組織をくっきりと浮かべている。陸成層からの、しかもこの大きさの骨を有するもの、それは恐竜に違いない！

イギリスのワイト島という所では、海岸で玉石となった恐竜の骨化石が拾えると言う。まさにそんな感じであった。

この近くに、この骨の供給源である地層があるはずだ！

改めて、波打ち際から垂直に立ち上がる岸壁の赤紫色泥岩に取りつくと、キラリと真っ黒く輝く小さな岩片が地層からのぞいていることに気づいた。

まわりの岩をていねいに剝がして岩片を取り出し、裏返してみて驚いた。

その真っ黒い岩片は草食恐竜の特徴（歯冠の表面の隆起）が一目でわかる歯の化石だったのだ。

この化石は、イギリスの有名な古生物学者（本業は医者）ギデオン・マンテルが発見し命名した草食恐竜（鳥脚類）イグアノドンの歯の図版にそっくりだ！

鹿児島県で最初の草食恐竜が見つかった瞬間であった。

波に洗われて角がとれて礫になっている転石にふと目をやると、**恐竜と思われる大型の骨片**（黒い部分）が浮かんでいた。

さらに、岸壁の赤紫色泥岩からキラリと光る黒い岩片がのぞいていた。それは、**イグアノドン類の歯化石**だった。表面の模様が特徴的だ。拾ったときに写したもので、69ページの写真と同じ歯化石だ。

イグアノドンは、18世紀のイギリスの医者でありながら、古生物の世界に偉大な足跡を残した、ギデオン・マンテルが、その妻メアリー・アンと採集した奇妙な歯の化石が現生のイグアナの歯に似ていることから命名された、有名な恐竜だ。
　このイグアノドンを含む草食恐竜の一群は鳥脚類と呼ばれ、鳥盤類という鳥に似た骨盤をもつグループの仲間に入る。
　鳥脚類は堅い植物でも効率よく嚙み砕けるように、その歯や顎の形態を多様に進化させた。特にハドロサウルスの仲間では、小さな歯が集まってデンタルバッテリーという歯の壁のようなものを有し、植物を効率よく細かく嚙み砕いていたようだ。先頭の歯列がすり減ると、次の歯が順次入れ替わるようになっていた。

　今回発見した、イグアノドン類の仲間の鳥脚類の歯は、木の葉型の歯型をしていて、歯冠の縁には荒いギザギザがあり、植物を濾し取り嚙み砕くのに適している。発見した化石はその歯列の中の不完全な1本であるが、歯冠表面の隆起線などの装飾から大型鳥脚類であることがわかる。体長は約5ｍ。
　国内でこのタイプの歯の化石は、福井県勝山市北谷で発見されたフクイサウルス、同じ手取層群の石川県白山市桑島（旧白峰村）の「化石壁」からも見つかっている。また徳島県勝浦町、熊本県御船町からも同様の歯化石が報告されているが、鹿児島県からの草食恐竜の発見はこれがはじめてとなった。
　さらに、獅子島から産出した草食恐竜の歯化石の産地は、御所浦層群の最上部、通称「獅子島層（陸成層）」からで、約9500万年前、鹿児島最古の恐竜である。
　御所浦層群の名前は、獅子島に隣接する御所浦島に由来し、御所浦島からは獣脚類の歯や鳥脚類の骨格が発見されている。今回の発見はこの延長上にあるとも言える。熊本県に分布する御船層群からも多様な恐竜群が発見されており、今後、獅子島での調査が進めば、同様に多様な恐竜群や生物群が発見、解明されるかもしれない。
　共産化石は、植物片や、動物化石ではカメや正体不明の脊椎動物の骨片などで、骨片はノジュール（化石を含む団塊）化しているケースが多い。
　恐竜化石発見のポイントは、水先案内人「カメ」の化石をまず探すこと。カメ化石の周辺を探れば、未知の恐竜がまだ眠っているかもしれない。

立派なトサカでメスにアピール
ランベオサウルス亜科
Lambeosaurinae

鳥脚類

ランベオサウルスの歯骨（奥、左右約40cm）と**頸椎**（手前）（岸本眞五氏蔵）

共産した**ソテツの仲間の化石**。洲本の採石場からはアンモナイトなどの海生の動物化石がおもに確認できるが、恐竜が発見された地層からは陸生植物化石や生痕化石がおもに見られる。

分類	恐竜上目 鳥脚類 ハドロサウルス科 ランベオサウルス亜科		
産地	兵庫県淡路島洲本市	地層	和泉層群
時代	白亜紀後期マストリヒシアン期		
体長・特徴	約8〜9m？		
食性	植物食		
共産化石	陸生植物（被子植物）、アンモナイト（ノストセラス）、ウミガメ（メソダーモケリス）		

2004年、ある化石採集家により、洲本市の採石場で半ノジュール化した状態の骨化石が発見された。関西では丹波竜や和歌山の獣脚類が知られているが、この淡路島の標本が、関西ではじめて発見された恐竜だ。

ハドロサウルス類は白亜紀後期に大繁栄した恐竜の仲間で、それは被子植物の隆盛と密接な関係がある。当時、堅い葉をもつ被子植物が繁茂していたので、ハドロサウルスの仲間は歯を特殊化することでそれに対応した。歯列（デンタルバッテリー）がすり減ると、次の歯列がコンベアーのように次々と出てくることで、堅い葉でも効率よく噛み砕けるようになったのだ。この産地では、被子植物やソテツの仲間の化石が同時に発見されていて、その食性が裏づけられている。淡路島では、この歯列がはっきりと確認できる歯骨と頸椎（頸の骨）、そして烏口骨（胸のあたりの骨）が見つかっている。歯骨の特徴は、ランベオサウルスの仲間のパラサウロロフスとよく似ているが、亜科以上の情報は現時点では得られていない。

ランベオサウルスの歯列（デンタルバッテリー）（岸本眞五氏蔵）

ランベオサウルスの仲間はトサカを発達させており、種類によってその形状が違う。トサカは、おそらく繁殖期の求愛行動に関係するものだろうと考えられている。

日本に比較的近いロシア、アムール川流域の白亜紀層（マストリヒシアン期）の地層からはランベオサウルス類が発見されていて、淡路の恐竜との関連性が指摘されている。

淡路島洲本の産地。現在は立ち入り禁止。

> コラム

久慈琥珀の中の
日本最古のカマキリ化石

　岩手県久慈市周辺に分布する久慈層群は、白亜紀サントニアン期ごろに浅海～陸で堆積したと言われている。

　久慈層群からは、スッポン上科の大きなカメ類や、周飾頭類と思われる恐竜化石、翼竜類化石などの動物化石が発見されている。当時は温暖な気候で、沼沢地だったようだ。

　しかし、この久慈の名を世界に知らしめているのは、琥珀である。久慈では30kgを超える琥珀の巨大な塊が発見されている。

　久慈琥珀は、白亜紀の南洋スギなどの樹脂（松脂）が化石化したものと言われ、磨くと温かみのある飴色の光沢を放ち、縄文の昔から宝飾品として珍重されてきた。また、燻すと独特の高貴な香りを発し、香道で薫陸香と呼ばれる香の原料となる。

　時として琥珀の中には、樹脂に脚を取られたさまざまな動物が一緒に保存され、化石化していることがある。映画「ジュラシック・パーク」は、この琥珀に閉じこめられた蚊から恐竜のDNAを取り出し、恐竜を再生するというストーリーだったが、久慈琥珀の中にもジュラシック・パークさながら、鳥（恐竜かも）の羽毛や昆虫たち（シロアリ、ゴキブリ、チャタテムシ、サシガメ、カイガラムシ、甲虫、ユスリカ、オトリバエ、クモ）など、さまざまな生き物が保存されている。

　なかでも出色なのは、カマキリの先祖の化石が発見されていることだ。体長は14mm。特徴的なのは、獲物を捕える鎌のつけ根に、現代のカマキリに共通するトゲがあることだ。白亜紀後期は顕花植物が増加し、それに適応して昆虫たちが現代型に移行したと考えられているが、このカマキリ化石はその重要な証拠とされている。おそらく新種だろう。

　カマキリは、その優雅な外見とは裏腹に、ゴキブリやシロアリに近い仲間に分類されている。彼らの共通の祖先は、プロトファスマというヘビトンボに似た外観の昆虫で、海外の石炭紀（約３億6000万～２億9900万年前）の地層から化石が発見されている。

カマキリの化石が見事に琥珀の中に保存されている。鎌のつけ根のトゲが現代型のカマキリと共通する（提供／久慈琥珀博物館）

琥珀産地から共産した**周飾頭類の骨化石**。左右約13cm（提供／久慈琥珀博物館）

フリルをつけた闘士
周飾頭類
しゅうしょくとうるい

　トリケラトプスなどが特に有名な角竜類、厚みのあるドーム状の頭をもち石頭恐竜とも言われるパキケファロサウルスを代表とする堅頭類に大きく分類される。周飾頭という名の通り、角竜には頭部に角やフリルがあり、堅頭類は頭頂がドーム状、あるいは平らな骨で守られ、その周囲に骨の突起が並ぶといった、いずれも頭部に装飾が施されているのが見た目の特徴であろう。

　角竜類も堅頭類もおもに白亜紀の北アメリカとアジアに生息し、その生息域はほかのグループの恐竜と比べれば限定的であったようだ。

　角竜類は、二足歩行のプロトケラトプス科と四足歩行のケラトプス科に分けられ、プロトケラトプス科は角がないか、あってもごく小さく、フリルも発達していない。体も小さく、原始的なグループとされており、アジアを中心に生息していた。それに対し、北アメリカにのみ生息していたケラトプス科はより大型で進化したタイプと見られ、トリケラトプスのように立派な角をもち、フリルも大きく発達していた。

　アジアの角竜類と北アメリカの角竜類は、あらゆる点で違い、対極的である。

　おそらく角竜類はアジアを起源とし、アジアと北アメリカが陸続きとなったおよそ1億年前に、進化したタイプの角竜が北アメリカに移動し、独自に角やフリルを発達させたという見方が濃厚のようだ。最近の研究では、縄張り争いなのかメスをめぐる闘争なのか、仲間同士で角を突き合わせて闘っていたことが、化石に見られる傷跡でわかったらしい。

　アジアの東端にあった日本では堅頭類は発見されていないが、原始的な角竜類であるアーケオケラトプスと見られる恐竜の化石が兵庫県丹波市で発見されている。

アーケオケラトプスの頭骨図と
発見された部位（赤い部分）

右前顎骨
（写真は反転してある）

左上顎骨

左歯骨

1 cm

発見された**前顎歯と上顎骨**。5本の歯が
生えているのがわかる（提供／兵庫県立
人と自然の博物館）

アジア発の角竜の祖先
アーケオケラトプス

Archaeoceratops

周飾頭類

分 類	恐竜上目　鳥盤目　周飾頭亜目　角竜下目　プロトケラトプス科
産 地	兵庫県篠山市
地 層	篠山層群
時 代	白亜紀前期（1億4000万～1億2000万年前）
体長・特徴	50～60cm
食 性	植物食
共産化石	恐竜、哺乳類

※「産地」と「地層」は同じ行に並んでいます。

2007年、兵庫県篠山市の1億4000万～1億2000万年前の地層から化石が発見された。

発見された部位は、前顎骨や上顎骨と、そこからのびる5本の歯など。原始的な角竜類と見られており、中国の甘粛省で発見されているアーケオケラトプスと同じ仲間と考えられている。国内では、はっきりと角竜類と分類できるはじめての化石である。

この篠山のアーケオケラトプスは、大型で北アメリカに生息していたトリケラトプスなどのネオケラトプス類につながる祖先の仲間と言われ、トリケラトプスのように角はもたず、若い個体であるものの全長はわずか50～60cmとかなり小さな恐竜である。

このような原始的な角竜類はアジアでよく発見されているが、トリケラトプスのような、より進化したタイプの角竜類は北アメリカで発見されている。このことから角竜類の起源はアジアであることが濃厚で、1億年前にアジアと北アメリカが陸続きになった時期があり、その時にアジアから北アメリカへ渡り、そこで進化したものと考えられている。

角竜類と鳥脚類の共通祖先？
アルバロフォサウルス
Albalophosaurus yamaguchiorum

周飾頭類

分 類	恐竜上目 鳥盤目 角脚類		
産 地	石川県白山市桑島（旧白峰村）	地 層	手取層群桑島層
時 代	白亜紀前期（約1億3000万年前）		
体長・特徴	1.3m		
食 性	植物食		
共産化石	恐竜、爬虫類（カメ、トカゲなど）、哺乳類、両生類、魚類、昆虫類、二枚貝、巻貝、植物		

1998年6月、石川県白山市（旧白峰村）にある桑島化石壁、およそ1億3000万年前の地層から歯や顎などが発見された。それらから推定されるのは、頭の大きさ10cmほどの小さな恐竜だ。また、頭部を構成する11点の骨がほかの恐竜の特徴と異なることから、新属新種として「アルバロフォサウルス・ヤマグチオロウム」という学名で2009年に発表された。

　その新種として認定されたアルバロフォサウルスは、トリケラトプスなどが有名な角竜類の原始的な種として発表された。しかし部分的な頭骨のみの化石しか発見されておらず、十分なデータを得られていないため、角竜の仲間であるという解析は暫定的なもので、角竜類と鳥脚類（イグアノドン、ハドロサウルス類など）を含む角脚類（ケラポッド類）であるとされているようだ。

　アルバロフォサウルスは原始的な角竜で、鳥脚類との類似性も高いことから、角竜類と鳥脚類の分化の初期段階を知るうえで世界的にも重要な標本であり、のちに残りの頭骨や体部分の化石が発見されれば、その起源や進化のさらなる解明につながると考えられている。

石川県白山市桑島（旧白峰村）の桑島化石壁で発見された、**アルバロフォサウルスの歯や頭骨の一部の化石**。角竜類と鳥脚類の分化の初期段階を知るうえで、世界的にも重要な標本だ（提供／石川県白山市教育委員会）

コラム 恐竜の足元に暮らしていた小さな生き物たち

　丹波や白山の恐竜産地での調査では、恐竜だけを探すのではなく、小さな化石の発見にも力が注がれている。非常に骨が折れる作業ではあるが、化石を含む岩石を角砂糖大にまで小割りにして、化石の調査が行なわれているのだ。

　その結果、カメやワニ、トカゲのほか、トリティロドン類（p.128）や哺乳類など貴重な化石が見つかっている。

　最近の丹波での発掘でもきめ細かな調査が行なわれ、その調査の中で非常に微細なまとまった骨が見つかった。クリーニングの結果、小型のカエルの骨格化石であることがわかった。

　丹波の化石を含む赤色泥岩からは、貝エビの化石が出てくるのも特徴だ。

　中国遼寧省で羽毛のある恐竜がたくさん発見されているが、そのまわりにも特徴的に貝エビの化石が見られるのだ。今後、貝エビ化石の発見が恐竜探索のひとつの指針になるかもしれない。

　また、白山の手取層群では、昆虫化石の発見も多い。

　ウスバカゲロウに似た形態の昆虫化石が見つかっているが、それと関連するものか、カゲロウの巣の化石と思われるものも多数見つかっている。

　恐竜たちは、カゲロウの仲間の乱舞を見ていたのかもしれない。

　白亜紀の恐竜たちの足元には、密度濃く、小さな生き物たちが暮らしていたのだ。

丹波竜の産地から見つかった**カエルの化石**。ほぼ全身が残されている（提供／兵庫県立人と自然の博物館）

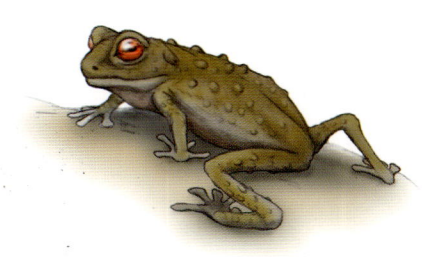

ムカシガエルの仲間は、現代の普通のカエルと比べると、椎骨の数が多く肋骨がある。

身を守るための装飾をもつ
装盾類(そうじゅんるい)

　装盾類は、ジュラ紀に栄えた剣竜類(けんりゅう)と白亜紀に栄えた曲竜類(きょくりゅう)に大きく分けられる。いずれも植物食(しょく)の四足歩行の恐竜で、体を覆(おお)う皮骨(ひこつ)が装甲板(そうこうばん)やトゲなどに変化し、全身を守るためのもの、あるいは装飾(そうしょく)が施(ほどこ)されている。

　剣竜類ではステゴサウルスがもっとも知られた恐竜で、背中から尾にかけて骨質(こっしつ)の板が並んでいるのが大きな特徴。尾の先には2対のトゲがあり、これを振り回して、襲ってくる大型肉食恐竜アロサウルスに対抗した様子がよく恐竜図鑑などに描かれている。尾には長いトゲが並ぶ種(しゅ)も多く、やはり肉食恐竜から身を守ることに徹しただろうものが多い。

　残念ながら、国内では剣竜類が生息したジュラ紀の地層が少ないためなのか、剣竜類の恐竜は未だ発見されていない。

　次に曲竜類は一般的に「鎧竜(よろいりゅう)」とも呼ばれるが、幅広の体が装甲で覆われ、これも防御に徹した姿をしていた。曲竜類には近年、新たにポラカントゥス科という分類が追加されたが、それを除(のぞ)けば、曲竜類の主流としてアンキロサウルス科とノドサウルス科の2つに分類されるのが一般的である。アンキロサウルス科は、ノドサウルス科に比べ頭骨(とうこつ)は短く幅広で、尾の先には骨質のハンマー状のコブを備えているところで見分けることができる。

　アンキロサウルス科はアジアを中心に生息しており、日本国内ではアンキロサウルス科の恐竜のものと思われる足跡(あしあと)の化石が富山県で発見されている。またノドサウルス科の恐竜は北アメリカを中心に生息していたものの、日本国内でも北アメリカからアジアへ渡ったと思われるノドサウルス類が北海道で発見されている。

アメリカからやって来た迷い恐竜?
ノドサウルス類
Nodosauria
装盾類(そうじゅん)

分類	恐竜上目 鳥盤目(ちょうばんもく) 装盾亜目(そうじゅんあもく) 曲竜下目(きょくりゅうかもく) ノドサウルス科		
産地	北海道夕張市(ゆうばり)	地層	蝦夷層群(えぞ)
時代	白亜紀後期セノマニアン期		
体長・特徴	4〜5m		
食性	植物食		
共産化石	アンモナイト		

1995年6月に、化石採集家がノジュールに入った骨化石を見つけ、これは当初、クビナガリュウの頭部の化石と見られていた。

　発見された化石は頭骨の左後半部、11本の歯、第一頸椎など。特に歯の化石から曲竜ノドサウルス類の仲間であることがわかったという。

　ノドサウルスは硬い装甲に覆われ、防御力に長けた植物食恐竜である。北アメリカのエドモントニアやサウロペルタがよく知られ、曲竜（鎧竜）のノドサウルス類は北アメリカにのみ生息したとされていたが、この北海道夕張市でのノドサウルス類はアジアではじめて発見されたもので、たいへん貴重な発見であることは間違いない。

　この夕張のノドサウルスは、北アメリカに生息していたノドサウルス類が、当時の北アメリカとアジアをつなぐ陸橋を渡り、日本にやって来たものと考えられている。

　北海道では、北アメリカで産出される大型翼竜のプテラノドンや古代の水生鳥類（ペンギンのように水中を泳ぐことのできる鳥）ヘスペロルニスなどの化石が発見されており、今回のノドサウルスも含め、北アメリカとの関連性が色濃く残る産地である。

夕張で発見された**ノドサウルス類の左後半部の頭骨の化石**。北アメリカではよく知られるが、アジアで発見されたのは、これがはじめてだ。幅26.7cm、奥行き12.8cm、高さ2.1cm（提供／三笠市立博物館）

半円状の5本の指先
アンキロサウルス類

Ankylosauridae

装盾類（そうじゅん）

分類	恐竜上目　鳥盤目（ちょうばんもく）　装盾亜目　アンキロサウルス科		
産地	富山県大山町（おおやままち）（現富山市）	地層	手取層群（てとり）
時代	白亜紀前期		
体長・特徴	連続した複数の足跡（あしあと）		
食性	植物食		
共産化石	獣脚類（じゅうきゃく）の歯および各種恐竜の足跡、鳥類足跡、カメ、植物（オニキオプシス）		

装盾類

1995年、富山県大山町山中の斜面で、多数の恐竜の足跡化石が発見された。翌年発足した、富山県恐竜足跡化石調査委員会によって詳細な調査がなされ、傾斜がついた露頭面から、じつに302個もの恐竜の足跡化石が確認された。この数と露出面積の広さは、国内最大だ。

アンキロサウルスの仲間の足跡。5本の指跡がわかる。下の写真の露頭に残る足跡化石のひとつだ（提供／富山市科学博物館）

　数ある足跡化石の中でも、特徴的な化石が発見された。5本の半円状の指先が並ぶ前足の跡（足長16cm、足幅25cm）と見られる化石だ。

　その後の研究から、この足跡はアンキロサウルス類のものとわかった。

　アンキロサウルス類の足跡化石は、世界的にはアメリカやヨーロッパでの発見が多く、アジアではタジキスタンやモンゴルからの報告があり、富山の発見はアジアで3例目となる。

　アンキロサウルスの仲間の実体化石（本体の化石）は、北海道からのノドサウルス類の頭骨や、御船層群からの歯化石があるが、それらは白亜紀後期のものであり、富山の例が国内でもっとも古い。

　同産地からは、アンキロサウルス類以外にも獣脚類や鳥類の足跡も同一面から発見されている。また、実体化石として獣脚類の歯やカメの甲羅の化石も発見されている。

足跡化石が302個も残された富山県大山町（現富山市）山中の露頭。この数と露出面積は国内最大（提供／富山市科学博物館）

コラム 太古の1年は365日ではなかった

　1年は365日であるという常識は、太古の地球では通用しなかった。

　古生代と言われる時代、その中のデボン紀の地層（約3億5000万年前）から産出したスリッパ状の単体サンゴ化石を調べていたウェルズというアメリカの学者が、驚くべき研究結果を導き出した。

　単体サンゴは環境の変化に敏感で、昼間大きく成長し夜はそれほど成長しないことから、日輪と言われる1日を示す微細なしわ状の線と、夏は大きく成長し冬は成長が緩やかなので、細い日輪が重なった帯状の構造の年輪を、外骨格に残している。

　デボン紀のサンゴ化石の細かい成長線（日輪）を数えたウェルズは、デボン紀当時の1年は約400日ほどであったろうと結論づけた。

　論文発表後、サンゴ以外の貝やストロマトライト（藍藻類というバクテリアの仲間がつくる層状の構造岩石で、体内に藍藻を飼っており、藍藻が光合成により生み出すエネルギーを分けてもらっていた）などでも同様の結果が得られた。

　さらに古生代だけでなく中生代のサンゴも調査すると、どうやら恐竜がいた時代、ジュラ紀では約377日であったようだ。また白亜紀末では、371日と推測されている。つまり1年の日数は現代に近づくほど、少なくなってきているのだ。

　これは公転周期（地球が太陽のまわりを回る時間）はほぼ変わらないので、太古の地球の1日が短かったためと考えられている。

　この1年の日数の減少は、月と地球との距離に密接に関係している。

　月が海洋の潮の満ち引きを起こしているが、この潮汐による海洋の動きが地球の自転速度にブレーキをかけているらしいのだ。

　太古、月と地球との距離は非常に近かったが、月は年間3.8cmほどずつ地球から遠ざかっている。小さな動きだが、それでも10万年で2秒、3億年以上も経つと40日近くの差になって表われているのだ。

　また面白いことに、地球上の大陸の配置によって、潮汐に変化が出て、自転スピードは変わってくる。パンゲアと呼ばれるひとつの巨大大陸であったころの自転スピードは速く、大陸分割後の自転スピードは遅くなっている。

　月はサンゴだけではなく、地球上のすべての生物の生態にも大きな影響を与えていたのだ。

　遠い未来、1年は350日になっているかもしれない。

宮崎県五ヶ瀬町祇園山（黒瀬川帯）から産出したシルル紀（約4億2000万年前）の**単体サンゴ化石**。成長線はよほど保存状態がよくないと残らず、この化石には残っていない。

大空を支配した空飛ぶ爬虫類
翼竜類

　恐竜時代の中生代を通して生息していた、空飛ぶ爬虫類。脊椎動物の中では、はじめて空を自由自在に飛ぶことができたグループであり、現在は鳥が空を飛んでいるように、この時代は翼竜類が大空を支配していた。よく「空を飛ぶ恐竜」と言われるが、分類学上では恐竜に含まれないとされている。

　翼は、前肢とそこからのびる異様に伸張した第4指（薬指にあたる）、それと脇腹あたりのあいだに皮膜を張ったもので、羽で構成される鳥類の翼とは異なる。また体を軽くするため骨はとても薄く、骨の内部は中空であった。

　翼竜類は大きくランフォリンクス類とプテロダクティルス類に分けられる。

　まず、三畳紀後期の2億2000万年前にはじめて現われた翼竜類が、ランフォリンクス類である。長い尾をもち、翼竜類の中でも小型な種が多く、最大種でも翼開張（左右の翼を広げたときの翼の先から先までの長さ）2.5mほどである。

　ランフォリンクス類はジュラ紀末に絶滅したが、白亜紀に入るとそれに入れ替わる形で、より進化したタイプのプテロダクティルス類が繁栄する。特にプテラノドンが有名であるが、頭が大きく立派なトサカをもつものが多い。尾はランフォリンクス類とは対照的にかなり短くなっており、軽量化のために歯を退化させた種も多い。翼竜類の中では大型のものが多く、ケツァルコアトルスなど翼を広げると10mを超える種もいた。今まで地球上で、これに勝る巨大飛翔動物は現われていないだろう。

　日本国内でも翼竜類の化石は、北海道でプテラノドン類、兵庫県の淡路島や熊本県御船町でケツァルコアトルスなどがいるアズダルコ類、そのほかにも岐阜県高山市のズンガリプテルス類など、各地で発掘されている。

獣脚類
竜脚類
鳥脚類
周飾頭類
装盾類
翼竜類
長頸竜類
モササウルス類
その他

89

翼竜類

三笠市山中の沢から発見された**プテラノドンの肢骨化石**のレプリカ（左右６cm）。アンモナイトの化石を含むノジュールの中から産出した（提供／三笠市立博物館）

長大なトサカがトレードマーク
プテラノドンの仲間

Pteranodontidae
翼竜類

分類	翼竜目 オルニトケイルス上科 プテラノドン科		
産地	北海道三笠市	地層	上部蝦夷層群
時代	白亜紀後期サントニアン期		
体長・特徴	翼開長 3～4m？　肢骨の一部のみ発見		
食性	おもに魚食と思われる		
共産化石	アンモナイト		

　1970年代以降に、北海道中央に分布する白亜紀層（蝦夷層群）から産出した脊椎動物化石の調査が進められた。ほとんどがクビナガリュウやモササウルスなどの海生爬虫類の骨や歯の化石だったが、研究の進展とともに陸生の恐竜や翼竜類の化石が含まれていることがわかってきた。

　北海道のほぼ中央に位置する三笠市は、化石研究者にとっては、保存状態のよい化石を産する場所（化石の聖地）として名高く、有名なエゾミカサリュウ（タニファサウルス、p.114）を産した場所としても知られている。その三笠市山中から発見された1個のノジュールから得られた骨化石が、翼竜類プテラノドンの仲間と鑑定されている。

　プテラノドンは、後頭部に長大なトサカをもつ翼竜類の仲間だ。その生態は現生のアホウドリのように上昇気流を利用して海上を飛翔し、おもに魚を捕食していたと思われる。三笠標本は、このプテラノドンの仲間の肢骨（手足の骨）の一部が化石化したものだ。

　蝦夷層群からはこの発見以降も、プテラノドンを含むオルニトケイルス上科の翼竜類と思われる歯や部分的な骨の化石が見つかっている。

白亜紀末期の空の覇者
アズダルコ科
Azhdarchidae

翼竜類

頸椎化石の一部のレプリカ。関西初の翼竜化石だ。左右約8cm（提供／兵庫県南あわじ市教育委員会）

分類	翼竜目 翼手竜下目 アズダルコ科		
産地	兵庫県淡路島緑町（現南あわじ市）	地層	和泉層群
時代	白亜紀後期カンパニアン期〜マストリヒシアン期（約7000万年前）		
体長・特徴	頸椎の一部。翼開長5〜6m？		
食性	魚類や小動物		
共産化石	アンモナイト（パキディスカス・アワジエンシス、リビコセラス）、大型の二枚貝（ヤーディア）、スッポンの仲間ほか		

　淡路島を縦断する高速道路の緑町サービスエリア付近の整備工事の際、和泉層群の真っ黒な泥岩層から多量のアンモナイトとともに動物化石が発見された。
　アズダルコ科に属する翼竜類の頸椎化石もそのひとつである。
　この標本が関西で発見された最初の翼竜化石だ。アズダルコ科の翼竜化石は淡路島以外では熊本県の御船層群からも得られているが、淡路島の翼竜類はその約2倍の大きさであったと考えられている。
　部分的な化石なので科以上の分類は難しいが、共産した化石から和泉層群が堆積した時代、海中にはアンモナイトやモササウルス、クビナガリュウの仲間が泳ぎ、空中には巨大な翼竜類が舞っていた様子が想像できる。
　採集現場からは、陸から流されたと思われる陸生のスッポン上科のカメ（p.147）や、テチス海（古地中海とも言われる太古の海洋）系のアンモナイトも発見されている。
　アズダルコ科の翼竜類としては、戦闘機なみの翼開長（12m）で、アステカ文明の蛇頭の神の名をもつケツァルコアトルスもこの仲間に属する。

同じ産地から産出した大型の**二枚貝化石（ヤーディア）**。翼竜類が空を舞っていた時代、海にはこんな大きな貝をはじめ、アンモナイトやクビナガリュウが生きていた。

コラム　アンモナイトと車のモデルチェンジ

　恐竜時代（中生代）の海中では、現生のイカなどの仲間（頭足類）のアンモナイトが大繁栄していた。

　おそらく海生の大型爬虫類も餌にしたであろうこの仲間は、比較的短期間で殻の装飾や内部構造（縫合線）を変化させるため、時代を決めるよい指標になる。

　車のモデルチェンジにたとえると、メーカーと型式がわかれば製造年月日がわかるようなものだ。

　アンモナイトの軟体部は化石として残されておらず、殻や顎器だけが化石として残される。

　その化石から、螺旋状に二次元に巻くタイプ以外に、白亜紀末期には特に、棒状、ステッキ状、塔状、はてはS字状や立体的にU字ターンを繰り返すものなど、驚くべき多彩な属種が出現したことがわかる。

　一見、異常とも思われる形状だが、そこには一定の規則性があり、当時の海底の環境に適応するために進化したと考えられている。

　つまり異常巻きというより、異形巻きアンモナイトという言葉が当てはまるだろう。

　和泉層群から産出するプラビトセラスや、北海道や福島県から発見されているニッポニテスなどはその代表だ。

　日本の白亜紀層からの異形巻きアンモナイトの質、量そして多様性は、国際的にも重要視されている。

　また、国内で、殻の直径が１ｍを軽く超えるような個体も発見されている。

　恐竜時代の海底はアンモナイト王国だったのだ。

淡路島産のアンモナイト、パキディスカス・アワジエンシス。これは二次元的に巻く普通のタイプ。白亜紀カンパニアン期。

異形巻きアンモナイトの王様、ニッポニテス・ミラビリス。三次元的に立体にU字ターンを繰り返している。北海道小平産。白亜紀チューロニアン期。

獣脚類

竜脚類

鳥脚類

周飾頭類

装盾類

翼竜類

長頸竜類

モササウルス類

その他

恐竜時代を通じて栄えた海生爬虫類

長頸竜類（クビナガリュウ）

　クビナガリュウは、1821年、イギリスの有名な女性化石ハンター、メアリー・アニングが発見した標本をもとに、デ・ラ・ビーチとコニベアが論文を発表して以降、魚竜類に続きもっとも長く研究されてきた大型海生爬虫類のひとつだ。

　分類的に、クビナガリュウは爬虫類の中では恐竜よりトカゲやヘビに近い鰭竜類に属する。繁栄した時代は三畳紀から白亜紀末まで。その生息域は海域から汽水域まで、また世界的な広がりをもっていた。

　1980年代までは、頸の長いグループ（プレシオサウルス上科）と頸の短いグループ（プリオサウルス上科）に二分化されてきたが、1990年代以降の分岐分類にもとづく研究では、比較的頸の短いポリコティルス類が頸の長いエラスモサウルス類に近いという仮説が出て、その詳細な系統関係については専門家のあいだでも議論が続いている。

　国内のクビナガリュウは、福島県いわき市で1968年に発見されたフタバサウルスをかわきりに、おもに北海道の白亜紀層から多数の標本が発見され、研究されている。福島以西の西日本からのまとまった骨格標本は、著者のひとり（宇都宮）が鹿児島県の白亜紀セノマニアン期の地層から見つけた標本「サツマウツノミヤリュウ」のみと、限定的だ。

　古さで言えば、国内のジュラ紀の地層からも、富山県から長野県に広がる来馬層群や福島県南相馬の相馬中村層群から、小型のクビナガリュウの歯化石が発見されている。

　クビナガリュウは、陸に上がるには不向きな骨格をもち、生涯、海中で生活していたようだ。エラスモサウルスのようなタイプは長い頸をそっと魚群や頭足類に近づけ捕食する、まるで海の掃除機のような姿だったと思われる。頸が短く大型のクビナガリュウは巨大で強力な顎と牙をもち、当時の海中をわがもの顔で泳ぎ、捕食していたことだろう。

　細い吻部で比較的華奢な体型のポリコティルスの仲間は、モササウルスが海中で台頭した白亜紀末も、俊敏な動きや海中での卵胎生出産をするなど、独自のニッチを築き、生きのびていった。

長頭竜類

1968年、福島県いわき市で発見された**フタバサウルスの頭骨**。日本の中生代大型爬虫類研究でもっとも重要な化石のひとつだ（撮影協力／国立科学博物館）

フタバサウルスの産地、いわき市大久川付近の白亜紀層。

ドラえもんのピー助のモデル
フタバサウルス

Futabasaurus suzukii

長頸竜類(ちょうけいりゅう)

分類	長頸竜目 エラスモサウルス科 フタバサウルス属		
産地	福島県いわき市大久町(おおひさまち)	地層	双葉層群(ふたば)
時代	白亜紀後期サントニアン期		
体長・特徴	約7m？ ①頭骨(とうこつ)で目と鼻の間隔が比較的離れている、②上腕骨(じょうわんこつ)が大腿骨(だいたいこつ)より長い、③間鎖骨(かんさこつ)に突起(とっき)があること、などから新種として論文発表された		
食性	頭足類(とうそく)や魚類		
共産化石	アンモナイト、イノセラムス（二枚貝）、サメの歯（クレトラムナ）		

　1968年、当時高校2年生だった鈴木直(ただし)さんがフタバサウルスの化石を発見した。この発見は、日本の中生代大型爬虫類(はちゅう)研究でもっとも重要なもののひとつで、その後の恐竜化石の発掘ブームを巻き起こした。

　発見されたのは、頭骨前部や胴体を構成する約40％の骨で、長い頸部(けいぶ)は川の流れによる浸食で失われていた。それでもこの保存状態は、環太平洋でも白眉(はくび)だ。

　正式な論文発表は、2006年、佐藤たまき博士らにより行なわれ、頭骨や鎖骨の特異な形状からエラスモサウルス科の新属新種とされ、産出した地層と発見者名からフタバサウルス・スズキイと命名された。

　同じ母岩(ぼがん)から発見された示準(しじゅん)化石（時代がわかる化石）イノセラムス（二枚貝）化石から、白亜紀後期サントニアン期と推定されている。

　鰭脚(ひれあし)のつけ根にネズミザメの仲間のサメの歯が刺さった状態で見つかっており、おそらくフタバサウルスの死後、サメによる死骸の捕食(ほしょく)があったものと思われる。また、胸部あたりに密集して丸い胃石(いせき)が発見されている。食物の消化や海中に潜(もぐ)る際の重しの役目をしたと考えられている。

　また、いわき市の双葉層群からは頸(くび)の短いタイプ、ポリコティルス科のクビナガリュウ「いわき竜」の胸骨(きょうこつ)や歯も発見されている。

九州ではじめて発見されたクビナガリュウ
サツマウツノミヤリュウ

Elasmosauridae
長頸竜類(ちょうけいりゅう)

長頸竜類

共産した、長いトゲが特徴的な**アンモナイト（グレイソニテス）**。白亜紀セノマニアン期の示準化石だ。長径23cm。

98

分　類	長頸竜目　エラスモサウルス科
産　地	鹿児島県長島町 獅子島幣串海岸
地　層	御所浦層群幣串層上部の砂質泥岩
時　代	白亜紀後期セノマニアン期初期（9800万年前）
体長・特徴	約6.5m？
食　性	頭足類や魚類
共産化石	アンモナイト（グレイソニテス）ほか

　2004年、著者のひとり宇都宮が、鹿児島県獅子島の海岸で岩盤に露出した長頸竜の骨化石を発見。

　この発見まで、福島県いわき市以西でまとまった長頸竜化石は見つかっていなかった。

　発見された化石は、おもに胸部から長い頸にかけてで、地層の傾きでその長い頸を地下に突き刺すような状態で発見された。およそ1年以上にわたる発掘の結果、長い頸の先にあった、下顎を中心とする頭部化石が回収された。

サツマウツノミヤリュウの下顎化石。爬虫類の歯は顎骨からはずれやすく、このような保存良好な例はめずらしい。

　頭部化石としてはフタバサウルスに次いで保存がよく、その形態的な特徴を明らかにできる重要な標本になった（フタバサウルスより1800万年以上古い化石）。

　2011年12月現在、鹿児島大学のチームによって、標本のクリーニングと研究が進められているが、歯骨の大きさ、比較的長い椎骨や細長い歯をもつことから、プレシオサウルス上科のエラスモサウルス科と同定されている。

　アンモナイト（グレイソニテス）の化石を一緒に産出したことから、白亜紀セノマニアン期初期のものであることがわかった。またプテロトリゴニアなどの二枚貝やウミユリの化石も共産している。

　国内のエラスモサウルス科としてはもっとも古い年代の地層から発見された標本で、椎骨の大きさから比較的若い個体であったと考えられている。

発見記

化石は長い頸を下に突き刺すように埋まっていた
サツマウツノミヤリュウ発見

　水俣湾上、鹿児島県寄りに位置する獅子島は、隣に位置する御所浦島とともに、天草から連なる白亜紀層からなり、日本有数の化石の宝庫として知られる。

　2004年2月11日、私（宇都宮）は、この獅子島の白亜紀層から特徴的に産出する、グレイソニテスと呼ばれる突起の発達したたいへん魅力的なアンモナイトを探して、島西部の海岸に露出する泥岩層をなめるように探索していた。
　運よく、泥岩の岩盤に、突起の一部が突き出した子どもの頭ほどあるアンモナイトを見つけ、何とか回収することに成功した。
　島から九州本土に帰る高速艇の出航にはまだ時間がある。
　アンモナイトを産する泥岩層に接する砂質泥岩の地層を何気なく見ていくと、何者かの大きな骨化石がスポンジ状の組織を岩盤上に見せていた。

日本有数の化石の宝庫として知られる**獅子島幣串の海岸**。黒色の泥岩層が続き、白亜紀セノマニアン期の化石を豊富に含んでいる。今回の目的はグレイソニテスと呼ばれる魅力的なアンモナイトだ。

後日、再度訪問し、骨化石周辺に積もった泥を除(よ)けてみると、岩盤上に連続して椎骨(ついこつ)が含まれていることがわかった。

　両側が凹型の鼓(つつみ)状の椎骨は、クビナガリュウのものであると思われた。

　どうやら満潮時には海面下になる岩盤の奥深くに、頸を突き刺すように化石は埋まっているようだ。

　クビナガリュウの頸は体型の半分以上を占めるたいへん長いもので、個人での調査・回収には限界を感じ、地元自治体への報告を決意した。

　鹿児島県東町(あずまちょう)(現長島町(ながしまちょう))は、宇都宮からの化石発見の報告を受けて、鹿児島県初となる「獅子島地区海生爬虫類(かいせいはちゅう)調査研究委員会」を発足させ、国内でもあまり例のない、満潮時には海面下になる産地での厳しい発掘作業をスタートさせた。

白亜紀セノマニアン期初期を示す**アンモナイト（グレイソニテス）**の採集に成功。突起の発達したたいへん魅力的なアンモナイトだ。子どもの頭くらいある。

アンモナイトを産する泥岩層に接する砂質泥岩の地層を何気なく見ていくと、岩盤に露出していた**大型の骨化石**を発見。

101

委員の中には、北海道穂別や中川で発見されたクビナガリュウ化石を論文発表された仲谷英夫教授（当時香川大学）も参加されており、現場での発掘には御所浦島で恐竜を最初に発見した菊池直樹さんを中心とする高知大学の学生チームが協力する形でシフトが組まれた。

クリーニングされた**脊椎骨**。鼓状の形状はクビナガリュウの特徴。

　発掘当初は、化石を含む岩盤表面の骨化石の位置を記録しながら、岩盤をできるだけ大きなブロックで切り取っていった。骨化石はたいへんもろく、瞬間接着剤で表面を固めながらの回収作業になった。
　連続する脊椎骨は予想どおり、地層の傾斜に沿ってほぼ直角に海岸面から地層の深部に向かっており、発掘作業は干潮時にまずポンプで発掘地点の海水と土砂を除いてから進めねばならず、難航をきわめた。
　化石のデリケートな部分は手で、それ以外の外周部は重機で押し広げながら、

周辺に積もった泥を除けてみると、岩盤上に**連続して椎骨が続いていた**。4つある**黒い四角**が骨化石だ。

鹿児島県東町（現長島町）が組織した「獅子島地区海生爬虫類調査研究委員会」による発掘作業が始まった。
調査団による調査風景。まず、発掘地点の位置を正式に記録する（上）。
発掘が進み、重機で土砂の掘り下げを行なう（左）。
化石周辺のデリケートな部分は人力で発掘。海面下に位置するため、掘った穴にすぐ海水がたまる（右）。

「竜穴」と作業チームが呼んだ発掘地点は、作業の進展にともない、深く広く、まるでプールのようになっていった。

　クビナガリュウ化石の発掘地周辺からは、当時の生息環境を裏づけるさまざまな海生動物の化石が産出した。
　特に白亜紀セノマニアン期初期を特徴づけるグレイソニテスや、塔状に巻き上がる異形巻きアンモナイトの仲間（マリエラ）、それからオーム貝、天使の羽のような形状のプテロトリゴニアという二枚貝の仲間も散見された。
　クビナガリュウが生息していた海は多様な生物が棲む豊かな環境で、クビナガリュウは、おそらくアンモナイトなどの頭足類や魚類をその長い頸をそっと近づけて捕食していたと思われる。

　困難な作業はその後約1年半続いたが、発掘チームはついに長く連続する脊椎骨化石の最終部分と思われるあたりから、国内のクビナガリュウ化石としてはたいへんめずらしい、歯が顎に残った状態での下顎を含む頭骨化石を回収した。
　国内で発見されたクビナガリュウの仲間の頭部化石としては、フタバサウルスに次いで保存がよい状態だ。本来、爬虫類の歯は死後、比較的簡単に顎から離れてしまうため、北海道の中川標本をはじめ、顎の化石が見つかっても歯が残っている例は少ない。

ついに発掘された**クビナガリュウの下顎の化石**。鋭い牙が顎上に並ぶ。爬虫類の歯は、死後、比較的簡単に顎から離れてしまうため、歯が顎に残った状態で発見されるのはたいへんめずらしい。

発見されたクビナガリュウは、下顎についた歯や脊椎骨の形状から、プレシオサウルス上科のエラスモサウルス科であることまでは判明している。
　エラスモサウルスは、アメリカで論文が発表されたクビナガリュウの仲間だが、最大70個を超える頸の骨をもっていた。キリンや人間でも、哺乳類の頸の骨数は7個だから、エラスモサウルスの仲間がいかに長い頸をもっていたかわかるだろう。
　また、クビナガリュウがまとまって化石化するには、ほかの生物による食害や、波による散逸が少ないうちに、急速に泥に埋もれる状況が必要だ。
　クビナガリュウ化石の周辺には、小型の生痕化石が多く、おそらく波の影響を受けにくい比較的深い海底で堆積したものと考えられている。

　調査研究委員会は、正式な研究結果が出るまで、化石に鹿児島の旧称と発見者の名前から、「サツマウツノミヤリュウ」と標本名をつけることにした。
　2008年3月には、獅子島の玄関となる片側港のフェリー発着場に、ほぼ実物大のクビナガリュウのブロンズ像が完成し、島の観光の目玉のひとつになっている。

発掘を記念して、獅子島の玄関、片側港のフェリー発着場に、実物大（6.5m）のクビナガリュウのブロンズ像がつくられた。

頭は短いが強力な顎をもつクビナガリュウの仲間
プリオサウルス類
Pliosauroidea

長頸竜類

分類	長頸竜目 プリオサウルス上科		
産地	北海道羽幌町	地層	蝦夷層群佐久層上部
時代	白亜紀後期チューロニアン期		
体長・特徴	約5〜6m？		
食性	肉食（魚類、コウモリダコ、そのほかの海生爬虫類？）		
共産化石	アンモナイト（スカラリテス）		

長頸竜類

北海道中央を縦断する白亜紀層の山脈は、多くの海生爬虫類の化石を産する。クビナガリュウの化石も多く産するが、断片的な化石が大半で、科レベルまで鑑定できる標本は少ない。

　2000年、羽幌町の山奥の沢から、複数のノジュールに含まれる骨化石が発見された。化石のクリーニングが進むと、それがクビナガリュウの仲間の口蓋を含む上顎骨や脊椎骨、腰骨などの骨化石であることが判明した。稜線のある太い歯の形状は、頭の短いクビナガリュウの仲間、プリオサウルス科の特徴を有している。さらにプリオサウルス科の仲間のポリプチコドンの歯が一番近いと考えられている。

　プリオサウルスの仲間は、短い頸で巨大な頭部と頑丈な顎をもっている。

　白亜紀前期のオーストラリアには、クロノサウルスという、頭骨だけで3mに及び、巨大なとがった歯をもつ、プリオサウルスの仲間が生息していた。

　北海道の白亜紀後期の時代も、発見例は少ないが海のギャングの末裔が生息していたのだ。

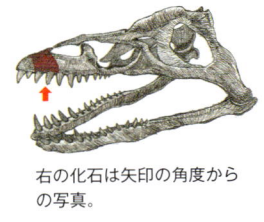

右の化石は矢印の角度からの写真。

北海道羽幌町山中で発見されたプリオサウルス科の仲間の化石。上の写真は**上顎骨の前部**、下は**歯**。太い縦筋が多数あり分岐しないのが特徴（提供／北海道大学総合博物館）

アザラシみたいな生態のクビナガリュウの仲間
ポリコティルス類
Polycotylidae

長頸竜類

分類	長頸竜目 ポリコティルス科		
産地	北海道、福島県いわき市	地層	蝦夷層群、双葉層群
時代	白亜紀後期セノマニアン期〜マストリヒシアン期		
体長・特徴	鼻先の吻部が細長く、頸が短く、小型の体躯。体長3〜5mほど。生まれてすぐの子どもで1.5mメートルほど。		
食性	アンモナイトや魚類ほか		
共産化石	アンモナイト		

ポリコティルス科のクビナガリュウの頸は短いが、系統的には頸の長いエラスモサウルスに近縁という説もある、不思議なクビナガリュウだ。小型の体躯で吻部が細く頸が短い。この体型は水の抵抗が少なく、スピーディーに泳ぎ、獲物を捕えるのに適していたのかもしれない。

　ポリコティルス科は、プリオサウルス科が少なくなった白亜紀後期に出現したクビナガリュウの仲間で、白亜紀末まで生息していた。北海道の白亜紀（セノマニアン期～チューロニアン期）の地層から発見された化石や、福島県いわき市の双葉層群から産出した通称「いわき竜」と呼ばれる標本も、この仲間と考えられている。

　白亜紀後期の海洋では、モササウルスのようなポリコティルスを捕食する天敵とも言える海生爬虫類はいたものの、ポリコティルスは卵胎生で海中出産し、現在のイルカやクジラのように子どもを守り育てたかもしれない。

　このようにポリコティルスの仲間は独自の生息形態をもっていたため、白亜紀末まで生きのびたのではないかと考えられている。

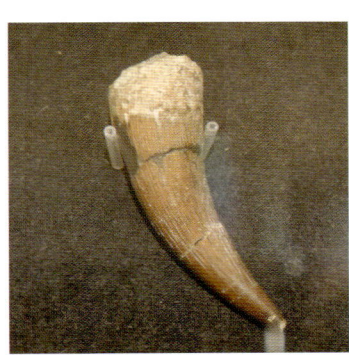

福島県いわき市双葉層群で見つかった**ポリコティルスの仲間の歯化石**（いわき市石炭・化石館「ほるる」蔵）

コラム　クビナガリュウは陸で産卵？海で出産？

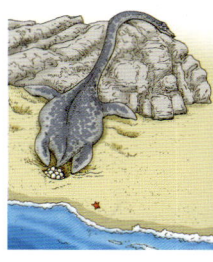

　中生代は、地上では恐竜が支配的であったため、爬虫類たちは空へ、海へとその支配から逃れるように生活圏を広げていった。海にもっとも適応した爬虫類は「魚竜」と呼ばれるイルカのような体形の爬虫類であった。その体形から彼らは一生涯、陸に上がることはなかった。

　さて、魚竜は繁殖も海の中で行なうことになるのだが、爬虫類はたいていが卵生であるものの、肺呼吸である爬虫類は海中で卵を産み落とすと、卵の中の胎児を溺れさせることになる。そこで魚竜は母親の体内で卵を孵化させ、十分に成長させてから出産する「卵胎生」で繁殖するようになった。胎児を宿した母親の魚竜の化石はすでに発見されており、その事実は明らかになっている。

　次に、同じく海に生息した爬虫類、クビナガリュウはどうなのだろうか。

　これまで胎児を宿した母親クビナガリュウの化石が発見されていなかったため、魚竜と同じく海中で出産したのか、それともウミガメのように浜辺に上がり産卵したのか、その答えは出ていなかった。

　2011年8月に、その答えに近づく研究結果が発表された。調査された化石は1987年に発掘された「ポリコティルス」と呼ばれるクビナガリュウの化石。全長4.7mほどの小型のクビナガリュウで、その腹部にあたる部分に、胎児の骨の存在が確認されたのだ。つまり胎生であり、海中で出産したものと見られる。すでにその胎児は親の3分の1の全長1.5mの大きさに成長していたという。

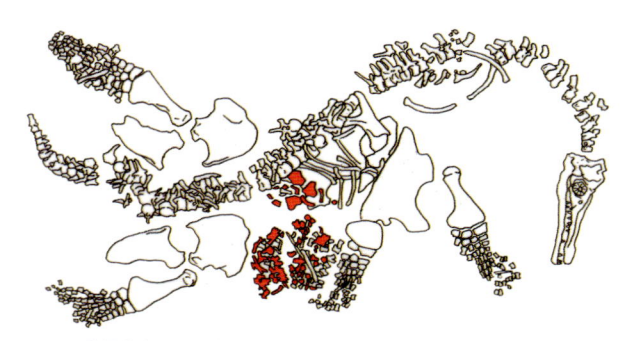

胎児を宿したクビナガリュウ「ポリコティルス」の化石図。
赤い部分が胎児の骨にあたる。

魚竜の地位を受けついだ海のギャング
モササウルス類

　モササウルスの旧来のイメージは、大きなウミトカゲだろう。ウミイグアナやウツボのように尻尾をふって泳ぐ姿を想像しがちだが、近年の研究によって驚くようなその生態が復元されてきた。

　確かにモササウルス類は有鱗類という、トカゲやヘビを含む爬虫類の仲間だが、おそらく哺乳類に近いような高い体温を維持し、またその尾鰭はサメのように三日月形で、高速で効率よく泳ぎ、現在の海の生態系の頂点にいるシャチのような存在だったと推測されている。

　特筆すべき点は、白亜紀の絶滅直前まで大型化（最大体長12mを超える）と多様化を進めており、世界中から3亜科（モササウルス亜科、ティロサウルス亜科、プリオプラテカルプス亜科）、60種類以上の仲間が知られていることだ。

　食性も多様で、海鳥や魚だけでなく、頭の短いタイプのクビナガリュウ（ポリコティルス類）の骨化石が腹中の未消化の化石から得られている。またグロビデンスのように貝類を嚙みつぶして食すために、ドングリ状の変わった歯冠をもつものまで現われた。

　ナポレオンによるオランダ攻略の際、戦利品とされたことでも知られているモササウルス・ホフマニーは、体長10mを超える大型種だが、これは大絶滅を示すK／T境界（p.48）直下1mのチョーク層からの産出であったようで、まさに大絶滅直前まで繁栄していたことがうかがえる。

　日本国内では、北海道、岩手県、福島県の3道県、四国から淡路島を経て大阪南部に連なる和泉層群、和歌山県などの白亜紀層からの産出が知られている。2010年には和泉層群（白亜紀末期）から、著者のひとり宇都宮によって、国内最大級のモササウルス類の化石が発見された。

　近年、カナダ王立ティレル博物館の小西卓哉博士により国内外のモササウルス化石の精力的な研究が行なわれており、日本のモササウルス類の一端が解明されつつあるが、同時にこれは、白亜紀後期の東アジアと世界のモササウルスの分布状況が解明される興味深い研究である。

くつがえされるヘビの起源
カガナイアス

Kaganaias hakusanensis

モササウルスの仲間

分類	爬虫類 有鱗目 ドリコサウルス科		
産地	石川県白山市桑島（旧白峰村）	地層	手取層群桑島層
時代	白亜紀前期（約1億3000万年前）		
体長・特徴	40〜50cm		
食性	不明		
共産化石	恐竜、爬虫類（カメ、トカゲなど）、哺乳類、両生類、魚類、昆虫類、二枚貝、巻貝、植物		

岩石から露出した**カガナイアスの背中側の胴体**。左右約15cm。2001年、石川県白山市にある桑島層から発見された。ヘビの起源を根底からくつがえす大きな発見となった（提供／石川県白山市教育委員会）

2001年、石川県白山市（旧白峰村）にある桑島層からある化石が発見された。発見されたのは長さ15cmほどの細長い胴体から尾のつけ根と大腿骨など。研究の結果、ヘビの祖先にあたるドリコサウルス類のものとわかり、2006年に新属新種として公表されることになった。

　さて、ヘビの祖先とされるドリコサウルス類であるが、今までヨーロッパの白亜紀後期（9960万〜6550万年前）の海の地層からしか発見されておらず、ヘビの起源は当時のヨーロッパの浅い海であり、トカゲの仲間が進化する過程で泳ぎを効率化させるためにヘビになったとされていた。しかし白亜紀前期の1億3000万年前の地層からこのカガナイアスの化石が発見されたことにより、その起源がアジアであり、さらに3000万年さかのぼることを示す結果となった。

　また海の地層ではなく淡水であった地層から発見されたこともあり、今まで定説とされていたヘビの起源を日本からくつがえす大きな発見となった。

恐竜であってほしかったが……じつはモササウルス
タニファサウルス

Taniwhasaurus mikasaensis

モササウルス類

分類	モササウルス科 ティロサウルス亜科 タニファサウルス属		
産地	北海道三笠市菊面沢	地層	上部蝦夷層群
時代	白亜紀後期サントニアン期～カンパニアン期		
体長・特徴	比較的細身で長い鰭をもち、頭頂部にコブ状の隆起がある、7m前後の体長		
食性	おそらく魚類や頭足類		
共産化石	アンモナイト（ユウバキディスカスほか）、イノセラムス		

1976年北海道三笠市山中で発見された、**タニファサウルスの頭骨化石**。鋭い歯が多数見える。33cm（提供／三笠市立博物館）

1976年、北海道中央に位置する三笠市山中、桂沢湖に注ぐアンモナイトを多産する菊面沢からノジュールとして採集された。その後、化石のクリーニングが進み、歯列が確認できる上下の顎骨を中心とする頭骨（後頭部と吻部の先端を欠いていた）と判明した。

夕張市白金沢の**蝦夷層群の露頭**。三笠市のタニファサウルスの発見現場も同様の泥岩層だ。

　標本は、恐竜であってほしいとの地元関係者の希望的観測から「日本初の肉食恐竜」という見出しでマスコミ発表され、「エゾミカサリュウ」という呼び名がつけられた。翌1977年には国の天然記念物にも指定されている。

　マスコミ発表前後から古生物関係者のあいだには、この頭骨が恐竜ではなく海生爬虫類のものではないかという意見があったが、その正体は謎のままだった。

　2008年、正式にモササウルスの仲間、タニファサウルス属の新種でタニファサウルス・ミカサエンシス（種名は三笠の地名からとっている）と命名された。

　タニファサウルスは巨大な体躯で有名なティロサウルス亜科に属するモササウルス類で、最初に正式に論文発表されたのは、ニュージーランド南島に分布するコンウェイ層（白亜紀カンパニアン期中期）からの標本だ。

　新種も含め、頭骨を除くタニファサウルスの骨格資料は乏しく、その全貌は未だ謎につつまれている。おそらく近縁のティロサウルスのように、比較的細長い胴体と長い鰭をもっていたと考えられる。

　また、タニファサウルスの頭頂部中央には、隆起線がコブ状に発達する。歯は近縁のティロサウルスに比べると華奢であり、より強く条線（縦の筋）が発達するなどの特徴をもつ。

　これまで南半球での発見のみだったが、これが北半球初、当然国内初の発見となった。

115

白亜紀末の海の王
巨大モササウルス類

Mosasauridae

モササウルス類

分類	有鱗目 モササウルス科		
産地	大阪府泉南市	地層	和泉層群
時代	白亜紀後期マストリヒシアン期		
体長・特徴	8〜10m。国内最大級。顔が大きく、短いが強力な顎をもつブルドックのようなモササウルスの仲間		
食性	魚類やウミガメ、おそらくアンモナイトも		
共産化石	アンモナイト（ノストセラス、バクリテス）、陸生植物		

右ページの写真の顎に残る**歯の表面を拡大**。滑らかで直線的な歯だ。

著者のひとり宇都宮が、2010年3月、大阪府泉南市に分布する和泉層群の泥岩(でいがん)のノジュールを転石(てんせき)として採集した。

　大型のモササウルス類の顎の化石であり、巨大な歯をもっている。1990年に大阪府貝塚(かいづか)市で発見されたモササウルス属（体長推定6.5m）の歯と比較すると約1.5倍であることなどから、体長は8～10mほどと考えられている。この大きさは国内最大級で、海外の大型個体（12mほどか）と比較しても大型と言える。

2010年に発見した大型の**モササウルス類の顎の化石**全体。萌出(ほうしゅつ)中の牙（矢印）も見られる。

　復元図は、頭が短く、強力な顎をもつモササウルス類の姿で描いている。巨大で凶暴な、まさに「白亜紀末の海の王（トッププレデター）」の姿である。おそらく、メソダーモケリス（p.144）などのウミガメや魚を主食としていたことだろう。

　白亜紀当時の和泉の海は、このような巨大なモササウルス類以外にも中型・小型のモササウルス類が生息していた、モササウルス天国だったのだ。

発見記

和泉山脈の主、
巨大モササウルス類の頭部化石を発見

2010年3月14日、大阪南部、和歌山との県境に東西に連なる和泉山脈山中に私（宇都宮）はいた。

厚い泥岩をうがつ小さな沢を伝い登りながら、沢底のノジュールを手に取っては砕き、断面を見て化石の有無を確認する作業を繰り返していた。

ほとんどが棒状のアンモナイトが折り重なるノジュールだったが、時折ノストセラスやネオフィロセラスなどのアンモナイトの破片も顔を出した。

この産地で特徴的なのは、両殻そろった、すなわちそこで生きていた姿そのままで化石になった二枚貝（ナノナビス）や、陸生の植物の葉の化石が見られることだ。それによってこの産地が陸に近い環境であったことがわかる。

最近の私は、アンモナイトよりむしろ脊椎動物を探している。

ノジュールからたまに発見される海綿状の骨組織には、どんな化石よりもドキドキさせられる。

昔、ティラノサウルスの頭骨ではないかと騒がれた、北海道三笠市から産出したモササウルス（タニファサウルス）の頭骨化石（p.114）は、ノジュールに含有され、川ずれした転石として発見された。風化断面でもはっきりとエナメル質を有する歯が確認できたそうである。

いつかこうした、ドキリとする化石を発見することは、化石採集家としての私

棒状のアンモナイト（バキュリテス）。大阪南部、和泉山脈では、密集して産出する。

イチョウの葉に似た**植物化石**。この産地の特徴は、両殻のそろった二枚貝（ナノナビス）や、陸生の植物の葉の化石が見られること。陸が近い証拠だ。

の夢でもある。

　また、北海道から産した大型脊椎動物の化石標本で、私の記憶に残っているのが、中川町の白亜紀セノマニアン期の沢から発見されたプリオサウルス類の顎化石だ（下の写真）。頭が長大で頸が短いクビナガリュウの仲間だ。

　標本の歯冠部は川ずれしてすでになくなり、歯根の断面のみが見えるものだ。その断面形状は楕円形で、クビナガリュウの特徴的な形状を示していた。

　当時は、こんな産状の化石もあるんだ、くらいに思っていたが、いつしか意識の底に深くしまわれていった。

　泉南市山中の小沢でノジュールを追いながら、川が蛇行し、開けた石のたまり場で、ふとひとつの転石に目が留まった。

　木石を思わせる繊維が流れるような風化面を見せており、すぐには骨化石とわからなかった。

　手に取り、側面に目をやって驚いた。

　断面にはどこかで目にしたような模様が浮かんでいたのだ。

　そう、北海道中川産のプリオサウルス類の、川ずれした標本そっくりだったのだ。

　この地層の時代（白亜紀マストリヒシアン期）の海中で、これだけ大きな骨化石と言えば、モササウルス類の可能性がきわめて高い。

私の記憶の底にしまわれていた、北海道中川町の白亜紀セノマニアン期の沢から産出した頸の短いクビナガリュウ、**プリオサウルスの仲間の顎化石**。歯冠部は川ずれでなくなって、歯根の断面のみが見える（提供／中川町エコミュージアムセンター）

しかし、まさかそんなに簡単にモササウルス類が出てくるとは、にわかには信じられなかった。

　歯の断面と思われる部分を注視すると、エナメル質の薄い被膜(ひまく)が確認できた。どうやらセメント質の部分は失われてしまっているようだ。

　もともとノジュールに含まれていたこの標本は、歯冠まで残されていたと思われるが、小川を転がるうちに歯冠部は失われてしまったようだ。

　しかし、折れた歯冠の断面の横からは、生(は)えかけの牙(きば)が下からせり上がるのが観察できた（p.117の写真）。

　化石の重要性を思い、ひとり山中で喜びに震えた。

　標本はその後、きしわだ自然資料館で開催されたモササウルス展にあわせて寄贈することにした。これだけ学術的な価値の高い標本は、私蔵せず寄贈することが今後のモササウルス研究の一助になると考えたからだ。

　幸運なことに、このモササウルス展を監修されていた、カナダ王立ティレル博

モササウルス類の発見の瞬間。小沢の転石の中に顎化石が落ちていた。ハンマーの横（○印）がモササウルスの顎化石。

物館の小西卓哉博士の手で研究していただくことになった。
　また標本も、それにあわせてきしわだ自然資料館が新設したモササウルスコーナーに常設展示されることになった。

　標本はモササウルス類の巨大な頭部（顎）の化石で、想定される全長は８〜10m。この大きさは、オランダで発見されナポレオンの進攻時に戦利品にされた、モササウルス・ホフマニーと同程度だ。
　日本の白亜紀末期の海には、巨大なモササウルス類が存在し、大絶滅直前まで繁栄していた証拠となったのだ。

　現在、モササウルスの研究が国内外で進んでおり、旧来、巨大なウミトカゲのイメージだったが、シャチのようにスピーディーに泳ぎ、生態系の頂点に立つ存在であっただろうと、これまで謎だった生態が明らかにされつつある。
　これに連なる新発見が、これからも国内の白亜紀層であるに違いない。そう確信する。

拾い上げた顎化石。**歯冠の断面**（中央に見える３つの楕円の部分）がはっきりと現われている。○印の部分に、表面には現われていないが、一番大きな歯根がある。この化石の大きさから、体長８〜10mと推定される。

顎化石の裏面。クリーニングを進めると顎の中に未萌出の歯が残されていることがわかった。

謎の小型モササウルス類
コウリソドン？

Kourisodon?

モササウルス類

分類	モササウルス科 モササウルス亜科
産地	香川県さぬき市多和兼割（頭骨）、大阪府貝塚市（歯）
地層	和泉層群
時代	白亜紀後期カンパニアン期〜マストリヒシアン期
体長・特徴	約3〜4m？　小型のモササウルス類
食性	魚類や頭足類など
共産化石	アンモナイト（バクリテス）、イノセラムス（バルディカス）

2000年に発見された**モササウルス亜科の頭部（顎）の化石**。平べったい縁辺歯が長く後ろに湾曲し、上顎前部がなだらかに傾斜している（きしわだ自然資料館蔵）

2000年、香川県南部に東西に広がる阿讃山脈山中の兼割採石場の泥岩中のノジュールから小型のモササウルス類の頭部（顎）化石が発見された。

この頭骨は複数のモササウルス属の特徴を有している。

まず、長く後ろに湾曲し、かつ平べったい縁辺歯

化石を産した兼割採石場 稼働時の様子。化石は泥岩中のノジュールから発見された。

（二重ある歯列の外側の歯）からは、コウリソドン属の歯との共通性が考えられる。コウリソドン属は、カナダのバンクーバーのペンダー層（白亜紀サントニアン期）から産出したモササウルスの仲間だ。

しかし、兼割標本の下顎化石の先端部分は、クリダステス属というモササウルスの仲間との共通性を示している。

また、なだらかに傾斜する上顎前部からは、クリダステス属やモササウルス属の特徴が見てとれる。

和泉層群からは、モササウルス属以外にも大型のモササウルス類も発見されているが、この標本のような小型のモササウルスも、独自の生態的地位を獲得していたのだ。

はっきりした属種の解明は、2011年現在も進められているが、今後新種とされる可能性も高い。研究の進展が楽しみだ。標本は、きしわだ自然資料館に所蔵されている。

> **コラム**

和歌山県鳥屋城山で進む モササウルス化石の発掘

　和歌山県の中央に位置する鳥屋城山。この山塊の一帯には、外和泉層群と呼ばれる白亜紀の地層が複雑に分布している。

　この地層中からは白亜紀のアンモナイトを中心とする多くの化石を産出しているが、淡路島の和泉層群から産するものと共通する、ディディモセラスやパキディスカスなどのアンモナイト化石も発見されている。

　2006年2月、当時京都大学大学院でアンモナイト化石の研究をしていた御前明洋さんが、この鳥屋城山の小沢で地質調査中に骨化石を見つけた。

　硬い泥岩中から半ノジュール化した化石の一部が露出しており、骨特有のスポンジ状の組織が見えていたので気づいたという。

　回収できるパーツを持ち帰り、クリーニングしたところ、巨大なモササウルス類の椎骨や後肢とわかった。

　まだまだ化石は地層中に連続して埋まっている！

　その後、発掘作業は和歌山県立自然博物館の小原正顕さんにバトンタッチされ、大規模な発掘調査が、2010年から2011年春にかけて鳥屋城山の発見現場周辺で行なわれた。

　硬い岩盤を崩す重機を搬入するため、林道を急遽整備するなど、作業は大がかりなものとなった。

　岩盤の硬さに比べ、骨化石の部分は非常

和歌山県鳥屋城山の**モササウルス発掘現場**。地層をグリッド（マス目）に区切り、化石の位置関係を記録しながら発掘を進める。岩が硬く、重機の力を借りて作業する。

に脆く、回収作業中の掘削機の振動でぼろぼろと崩れるほどで、瞬間接着剤やパラロイド（化石を補強する溶剤）による補強を加えながら、できるかぎり大きなブロックで回収するように注意が払われた。

　2011年12月現在、回収された化石を含むブロックのクリーニング作業が進められている。その中で、多数の骨化石に混じって、種の同定に多くの情報をもたらす顎（上下は不明）を構成する骨上に並んだ歯や、生きていたときそのまま、骨がつながった状態での前肢、連続した椎骨の化石も発見されている。

　またモササウルス類の化石の周辺からは、時代を決定する示準となるアンモナイト（パキディスカス・アワジエンシス）が共産しており、どうやら時代は白亜紀後期カンパニアン期（約7500万年前）のようだ。

　また、ツノザメ類の小さな歯の化石も複数、骨化石の周辺に散らばっており、モササウルスの死後、サメによる捕食が行なわれた可能性がある。

　化石になるまでの堆積環境（タフォノミー）の研究も同時に進められるようだ。

　クリーニング作業の終了までにはまだ当分かかりそうだが、岩塊中から頭部を含む重要な部位が出てくる可能性もあり、今後その研究の進展に目が離せそうにない。

地層から割り出したばかりの**椎骨の化石**。化石は非常に脆い。右側に向かって凸状に骨が連なる。

顎の骨の上に**4本の歯**が並ぶのが観察できる。

新たなクリーニングで姿を現した**前肢化石**。連結した指骨が続く。母岩の左右の長さ41cm。

モササウルスの**後肢化石**。写真は足鰭の根元だが、連結して指骨がさらに続く。

写真は5点とも和歌山県立自然博物館提供

コラム 化石で推測、クビナガリュウ vs. モササウルス

クビナガリュウは中生代を通して繁栄した海生爬虫類で、その多くの種は頸が長く、四肢は大きな鰭状になっていた。

モササウルスはトカゲの仲間だが、海に生活の場を移し、大型化した。最大で全長12m以上もあったと言われている。

さて、四国から淡路島を経由して大阪南部まで東西に細長く分布する和泉層群は、おもに白亜紀後期カンパニアン期〜マストリヒシアン期に堆積したと考えられている。東に行くにつれ新しい時代となり、淡路島がカンパニアン期とマストリヒシアン期の境界ではないかと論議されている。

この和泉層群からも、海生爬虫類の断片的な化石が発見されている。

西のおもにカンパニアン期とされる香川県の長尾町からは、小型のモササウルスの仲間の頭部の化石が、また同じ香川県白鳥町からはクビナガリュウのポリコティルスの仲間の大腿骨の化石が発見されている。

淡路島からは、大型のモササウルスの脊椎骨のほか、エラスモサウルスと思われる歯の化石も見つかり、両者が共存していた様子がうかがえる。

ところが、さらに東の大阪側の和泉層群は白亜紀末期の地層と考えられるが、ここからはクビナガリュウの仲間の化石が発見されたという報告はなく、その代わり、私（宇都宮）が発見した大型のモササウルス類の頭部化石のほか、体長6.5mほどの中型のモササウルスの復元可能なほどまとまった化石（蕎原標本）や小型のモササウルス類の歯化石も見つかっており、まるでモササウルス王国のようだ。

クビナガリュウは中生代の海で大繁栄したが、白亜紀末期には、しだいにモササウルスにその地位を奪われていったのかもしれない。

断片的な化石からの仮説ではあるが。

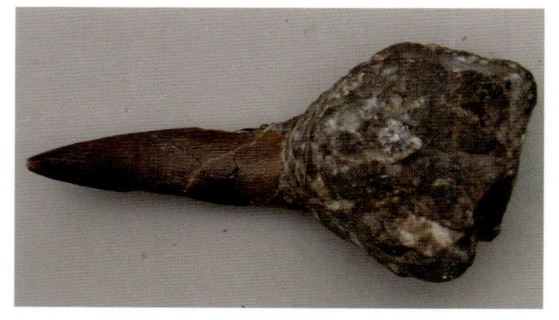

白亜紀カンパニアン期とマストリヒシアン期の境界ではないかと言われている**淡路島で発見されたクビナガリュウ（エラスモサウルス）の歯化石**。同島からはモササウルスの脊椎骨も見つかっていることから、両者は共存していたと考えられる（提供／小川英敏氏）

恐竜周辺で生きていた動物たち
哺乳類・サメ類・カメ類

　恐竜繁栄の時代とも言える中生代だが、恐竜以外の生き物たちもしたたかに生きていた。その中で日本でも比較的よく化石が見つかっている、哺乳類・サメ類・カメ類にスポットを当ててみたい。

●哺乳類（獣弓類を含む）

　哺乳類にとって、恐竜隆盛の中生代は冬の時代と言えるだろう。恐竜の影におびえながら、あまり大型化せずちょこまかと俊敏に、しかししっかりと繁栄していた。手取や丹波の恐竜産地からは、恐竜だけでなく小型の哺乳類の化石も発見されている。これは近年の発掘が、微細な化石も発見するために、岩石を小割りする方法で進められており、その成果と言えよう。発見された化石の研究も進み、世界ではジュラ紀末に絶滅したと考えられていたトリティロドン類が手取層では白亜紀前期まで生息していたことがわかったり、私たち人間の直系の祖先につながる仲間（真獣類）の丹波での発見など、大きな成果が上がりつつある。

●サメ類

　サメの仲間は海でもっとも成功したグループで、古来、その形態は大きく変化していない種が多い。国内では古生代のサメ研究が近年大きな成果を上げているが、多様性を広げた中生代の研究も化石から得られた情報の集積から進み、当時のサメの生態が解明されつつある。たとえば、現在深海にしかいないタイプのサメ（ラブカなど）が、白亜紀末にはもっと巨大で、比較的浅い海にも生息していたことなどだ。

●カメ類

　日本の中生代の地層からカメ類は多量に発見されている。陸成層からは、恐竜化石のそばには必ずと言ってよいほどカメ類の化石が発見されている。ほとんどがバラバラとなった甲羅で、一見すると薄く平べったい骨で、リクガメやスッポンの仲間が多い。白亜紀当時、恐竜の足元にはカメもたくさんいたことだろう。海成層からも、アンモナイトなどを含むノジュール中から、ウミガメの仲間の化石が多数見つかっている。

　中生代には、恐竜以外にもさまざまな個性的な生き物たちが生きていたことを忘れないでほしい。その一端をご紹介する。

- 獣脚類
- 竜脚類
- 鳥脚類
- 周飾頭類
- 装盾類
- 翼竜類
- 長頸竜類
- モササウルス類
- その他

哺乳類型爬虫類
トリティロドン類
Tritylodontidae

獣弓類

その他の生き物たち

トリティロドン類の上顎臼歯の化石。トリティロドンは「3つのコブ状の歯」という意味。幅7mm。この発見でトリティロドン類が、白亜紀前期まで生き残っていたことがわかった（提供／石川県白山市教育委員会）

左端にあるのが**トリティロドン類の切歯**。歯根からの長さ50mm（石川県白山市教育委員会蔵）

分類	単弓類 獣弓目 トリティロドン科
産地	石川県白山市桑島（旧白峰村）
地層	手取層群桑島層（湿地の堆積物）
時代	白亜紀前期（約1億3000万年前）
体長・特徴	40〜50cm？（タヌキほどの大きさか）
食性	植物食
共産化石	恐竜、爬虫類（カメ、トカゲなど）、哺乳類、両生類、魚類、昆虫類、二枚貝、巻貝、植物

　白山を望む白山市桑島（旧白峰村）に植物化石を多量に産する崖がある。明治期にここを訪れたドイツ人のライン博士がこの地の植物化石に着目し、その後、植物化石についての学術報告がなされた。それでこの地が日本の地質学発祥の地と呼ばれ、崖自体が国の天然記念物に指定されている。

　1997年からこの崖の裏で村道用のトンネルを掘る工事が行なわれ、その際出た岩石の中から発見されたのが、このトリティロドン類の歯の化石だ。名前はラテン語で「3つのコブ状の歯」を意味する。発見当時はシカの歯に似たこの化石に、研究者も首をかしげた。それもそのはず、トリティロドン類は海外ではジュラ紀末には絶滅したと思われていたからだ。なんとトリティロドン類は桑島で、ジュラ紀末から白亜紀前期までの2000万年以上、脈々と生きつづけていたのだ。

　俗に「哺乳類型爬虫類」と呼ばれていた単弓類は、その名が示すように歯の形が哺乳類に似た形状（異歯性）を示す。トリティロドン類は大きな切歯と、大きな上顎には3列の畝をもつ大型の臼歯を備えていた。

　化石は湿地に堆積した泥岩中にあり、多量の植物の根の化石と共産した。彼らはこれらの植物や球果（マツやスギ、ヒノキなどの樹がつける実のこと）を食べていたと考えられている。

石川県白山市桑島（旧白峰村）の**桑島化石壁**。日本の地質学発祥の地と呼ばれ、国の天然記念物に指定されている。ここから多くの恐竜化石とともにトリティロドン類の化石を産出した。

恐竜時代のめずらしい有胎盤類
新種の真獣類
Eutheria

哺乳類

その他の生き物たち

分 類	哺乳類 真獣下綱 トリボテリウム類		
産 地	兵庫県篠山市	地 層	篠山層群下部層
時 代	白亜紀前期（約1億1000万年前）		
体長・特徴	体長10cmほどのネズミのような外見。中国で発見された胎盤をもつエオマイアの外観に近い？		
食 性	昆虫など？		
共産化石	貝エビ、各種恐竜ほか		

　丹波の恐竜産地のほど近く、篠山市内の篠山層群から、小さな哺乳類の下顎化石が発見された。

　化石は赤紫色の泥岩に透明感のある青白色で浮き出している。右下顎と考えられており、トリボスフェニック型と呼ばれる臼歯が連なる独特の形状をしている。昆虫などの小動物を食べるのに適した形状だ。

　この化石は、人間を含む哺乳類の先祖、真獣類のトリボテリウム類の新属新種と考えられている。体長は10cmほどで小さなネズミのような生き物だ。

　真獣類の最古の化石は中国遼寧省で発見されたジュラマイア・シネンシスで、約1億6000万年前の地層から産出した。

　真獣類の化石の発見例は世界的にも少なく、その進化の過程はよくわかっていない。篠山層群の標本は、それに続く時代のものだ（約1億1000万年前）。

　国内の最古の哺乳類の化石は、手取層群桑島層（約1億3000万年前）から発掘された多丘歯類だが、真獣類としては篠山層群の標本がもっとも古い。

　恐竜の足元には、小型の我々の先祖が身を潜めるように暮らしていたのだ。

篠山で発見された**真獣類の右下顎の化石**。臼歯や犬歯が確認できる。長さ2.5cm（提供／兵庫県立人と自然の博物館）

海から河川に棲み家を移した古代ザメ
リソドゥス
Lissodus sp.

サメ類

分類	正鮫目 ヒボドゥス上科 ロンキディオン科 リソドゥス属
産地	愛媛県西予市魚成田穂上組
地層	田穂層（石灰岩）
時代	三畳紀前期インドゥアン期〜オレネキアン期（約2億5000万年前）
体長・特徴	1m弱
食性	底棲で、水底の砂泥の中の小動物を食べていた
共産化石	アンモナイト（ミーコセラス、アナシビリテスなど）

その他の生き物たち

リソドゥスは、現在のネコザメに似た生態のヒボドゥスの仲間だ。

1992年に著者のひとり宇都宮が、約2億5000万年前の海底で堆積した石灰岩の中から発見し、後藤仁敏博士らによって2010年に論文発表された古代サメ属。海外では古くから知られたサメだが、国内で確認されたのははじめてだ。

リソドゥス属は、南アフリカで発見された標本を、サメ化石研究者のブロウが1935年に新属として再報告したもので、「平滑な（Lissos）、歯（odus）」を意味する属名だ。

三畳紀の田穂は南洋のサンゴ礁であったようだ。小型のアンモナイト以外にも、硬骨魚類（サメやエイなどの軟骨魚類に対して、それ以外の魚類全般）、コノドント生物（太古に繁栄したヤツメウナギの仲間）の歯の化石も得られている。

リソドゥスは、ヨーロッパの産地では三畳紀中期〜後期の淡水から汽水成層から産出している。それより古い時代の田穂の海成層から産したことは、リソドゥス属の進化と生息域の変遷を探る大きな物証となった。ほかの海生生物によって海から河川に追われ、生息域を淡水域にまで広げたのではないかと考えられている。

標本は現在、神奈川県立生命の星・地球博物館に寄贈してある。

2011年、岐阜県美濃赤坂の二畳紀中期の石灰岩中からも、新たにリソドゥスの標本が得られたとの研究報告が発表された。

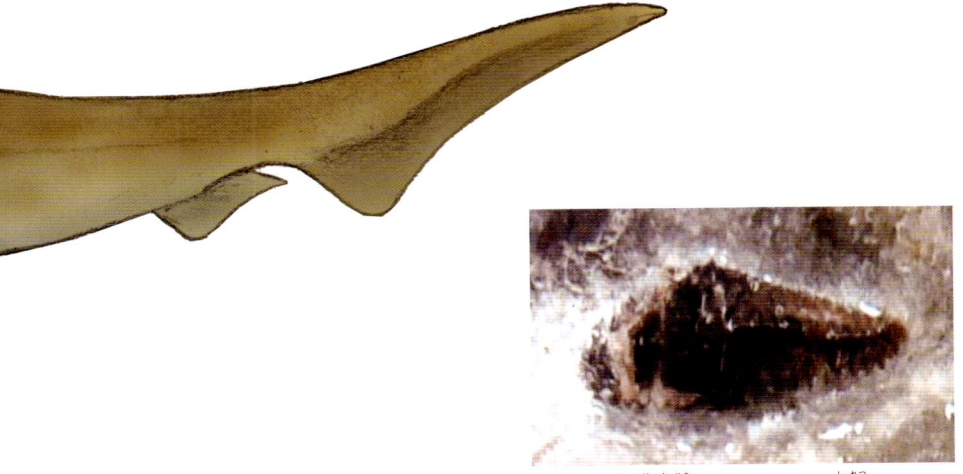

リソドゥスの歯化石。このような歯が歯列をなしていた。長径7.4mm（提供／後藤仁敏氏、神奈川県立生命の星・地球博物館蔵）

発見記

中生代最古の地層で発見したサメ化石

　中生代最古の時代である三畳紀。日本のこの地層はほとんどが海成層で、同時代の海外の陸成層からのような恐竜化石は、まだ発見されていない。

　しかし古生代末の大絶滅を潜りぬけた、大型の海生の脊椎動物の化石が、少量ではあるが国内でも発見されている。東北の宮城県で発見された世界最古級の魚竜ウタツサウルス（p.140）や、京都府夜久野からの古代ザメ、ヒボドゥスの仲間などがそうだ。

　2010年、鶴見大学短期大学部の後藤仁敏博士らによって、愛媛県西予市城川町田穂に分布する三畳紀石灰岩から、本邦初の発見になる古代ザメ、リソドゥスが論文発表された。

　私（宇都宮）によるこの化石の発見は、1992年にさかのぼる。

　ゴールデンウイークを利用して愛媛に帰省した私は、以前から気になっていた田穂石灰岩から産出するアンモナイトを採集しに現場を訪れていた。

　同地のアンモナイトを産する露頭は県指定の天然記念物に指定され、金網に覆われていて採集はできない。露頭以外の石灰岩塊中にわずかに産するアンモナイトを探す。

　産地をよく見ていくと、山にへばりつくようにつくられた畑の畔に石灰岩塊が突出しており、そこにアンモナイトの断面が露出していることに気づいた。

　私は慎重にその岩を割り欠いていった。

　アンモナイトを含む部分は回収できたものの、岩塊はまだ根深く土中に続いて

リソドゥスの化石を産した石灰岩の山。約2億5000万年前に海底で堆積した地層だ。県指定の天然記念物になっている。

いた。

　掘り起こし、念のためハンマーを振り下ろしたその瞬間、割れた断面にエナメル質の光沢を放つ小さな化石が目に入った。

　直感的に何者かの歯であると確信して、持ち帰ってクリーニングすることにした。

　クリーニングを終えた化石の長径は7.4mm（p.133の写真）。

　エナメル質の部分は歯冠で、細長い条線が走り、どうやら海底の生物を食べる現在のネコザメ類のようなすりつぶし型のサメの歯ではないかと考えられた。

　個人の手にはおえない化石であることは間違いない。

　そこで、サメの歯化石研究会の田中猛氏を通じて、サメの化石の研究で有名な後藤博士に研究をお願いした。その後、海外標本などとの比較が進み、ついに古代ザメ、リソドゥスの歯であることがわかったのだ。

　リソドゥス属は、南アフリカの三畳紀中期の地層から発見された骨格化石が論文発表され、歯の咬耗面が比較的平坦であることから「平滑な歯」を意味する「リソドゥス」と名づけられた。

　中世代のもっとも古い時代に出現した原始的なサメの一種で、底棲で水底の泥の中の小動物を食べていたと考えられる。

　はじめは海生だったが、ほかの海生動物の勢いに押されて淡水域までその生息域を広げた、小さくおとなしいサメだったようだ。

　田穂層での共産化石から推測される生息当時の環境は、海洋に浮かぶ礁（ラグーン）であり、リソドゥスのまわりには多数のアンモナイトや硬骨魚類、海底には腕足貝などが群れていたものと想像できる。

　恐竜時代の海底の様子がわかる貴重な資料が追加された。

田穂で産出する**アンモナイト**。

昔のラブカはデカかった
ラブカ
Chlamydoselachus sp.

サメ類

分類	板鰓亜綱 ラブカ目
産地	北海道、大阪府、熊本県
地層	北海道（蝦夷層群）、大阪府（和泉層群）、熊本県（姫浦層群）
時代	白亜紀後期〜現生
体長・特徴	約1〜6m？
食性	頭足類や魚類と思われる
共産化石	アンモナイトほか

その他の生き物たち

現生では、水深500mより深い海に生息するラブカは、謎の多いサメだ。

　ラブカは現生サメ（板鰓類）の中で、もっともよく原始的な特徴を残している。

　このサメの最古の化石は、南極のジェームズ・ロス島の白亜紀後期（カンパニアン期）の地層からのものとされていたが、日本国内の白亜紀層からは、それより古いチューロニアン期の地層から標本が得られている。

サメの歯化石を産する大阪府泉南市の**和泉層群**。ここからラブカを含む多数のサメの歯化石が産出している。

　白亜紀末期（マストリヒシアン期？）の和泉層群からは、世界最大と思われるラブカの歯化石が得られている。この歯化石は、現生のラブカの歯の5倍の大きさがあり、現生のラブカの体長は平均で1m数十cmなので、単純に推定すると6m近くの巨大な姿が浮かんでくる。

　白亜紀末期に、ラブカの仲間は比較的浅い海に、アンモナイトやモササウルスたちと生息していたと思われる。しかし繁栄を誇った彼らも、白亜紀末期の隕石落下にともなう環境の変化（p.48）から逃れるように、小型化しながらその生息域を深海に移していったようだ。

和泉層群産の**小型のラブカの歯**。三又にとがった歯がのびている（提供／橋本亮平氏）

恐竜時代も凶暴だったサメ
クレトラムナ
Cretolamna appediculata

サメ類

その他の生き物たち

分類	板鰓亜綱 ネズミザメ目
産地	北海道、福島県、大阪府、熊本県、鹿児島県
地層	北海道（蝦夷層群）、福島県（双葉層群）、大阪府（和泉層群）、熊本県（姫浦層群）、鹿児島県（御所浦層群〜弥勒層群）
時代	白亜紀後期〜新生代古第三紀始新世
体長・特徴	約3m
食性	魚類、時として大型の動物の死骸（クビナガリュウなど）
共産化石	アンモナイト、フタバサウルス、オパキュリナ（始新世）

　クレトラムナは、おもに日本の白亜紀後期の地層から発見されている。学名は、「白亜紀（Creto）凶暴な魚（lamna）」という意味で、現生のネズミザメに近い仲間だ。

　3mほどの体長で、大型海生爬虫類化石の周辺から歯がたくさん見つかるケースがあることから、集団で獲物を狙っていたと思われる。現生種はおもにサケなどの魚類を捕食しているが、白亜紀当時もおもに魚や頭足類を食べていたのだろう。

　福島県いわき市から産したクビナガリュウ（フタバサウルス、p.96）の化石の周辺からは、クレトラムナの歯化石がたくさん見つかり、なかにはクビナガリュウの骨に突き刺さったままの歯も確認されている。クビナガリュウの死後、死骸を漁ったのかもしれない。

　日本では、白亜紀末の大絶滅以降の地層からはこのサメ属の化石は見つかっていなかったが、2006年、著者のひとり宇都宮により、鹿児島県獅子島に分布する弥勒層群（新生代始新世：5500万〜3800万年前）ではじめて発見された。

　白亜紀末の大絶滅で、恐竜やクビナガリュウなど多くの生物が死滅する中、このサメたちは生きのびたのだ。サメのシンプルな生態は、幾多の絶滅を切り抜けるだけの生命力と環境変化への適応力を示しているだろう。

鹿児島県獅子島で新生代始新世の地層から産出した**クレトラムナの歯**。左右3cm。クレトラムナはこの鋭い歯でクビナガリュウなども食べていた（採集／宇都宮、提供／田中猛氏）

日本から世界最古級の魚竜
ウタツサウルス（歌津魚竜）

Utatsusaurus hataii

魚竜類

その他の生き物たち

ウタツサウルスの頭部を含む上半身の化石のレプリカ。左下のとがっているのが口の部分。全長は1.4mあったと思われる（提供／大阪市立自然史博物館）

分類	爬虫類 魚竜目
産地	宮城県本吉郡歌津町（現 南三陸町）
地層	稲井層群大沢層
時代	三畳紀前期
体長・特徴	約1.4m。小さい頭部と長い胴体、ほっそりとした鰭をもつ
食性	魚類や頭足類
共産化石	アンモナイト（セラタイト）

　宮城県北部の海岸には、加工して屋根瓦などに使われる粘板岩（スレート）からなる地層が分布している。この薄くはがれる性質をもつ岩中からは、セラタイト（古いタイプのアンモナイト）などの海生動物の化石が見つかる。

　1970年、この粘板岩が分布する歌津の海岸に地質調査に来ていた4人の古生物学者たちが、脊椎動物の化石を発見した。その後、周辺の地層から複数の標本が得られた。研究の結果、それは世界最古級の魚竜化石と判明した。

　魚竜は、三畳紀前期に出現し大繁栄したが、白亜紀中ごろの海洋の酸素欠乏が原因で絶滅した海生爬虫類で、現生のイルカのように、海での生活に適応し、出産も海中に直接子どもを産み落とす卵胎生だった。

　また三畳紀後期には、20mを超えるクジラのような巨大な魚竜も出現している。

　歌津で発見された化石は、その後、新属新種「ウタツサウルス」と命名された。鰭は細長く、胴長で、背鰭、尾鰭はあまり発達しておらず、また陸上での生活の名残と思われる、背骨と後肢をつなぐしっかりした腰の骨をもつなど、魚竜としては原始的な形態を残している。

　南三陸町ではウタツサウルスの化石を産出した地層より新しい地層から、より小型で海生生活に適した形態をもつクダノハマギョリュウも発見されている。

　魚竜の絶滅と入れ替わるように、白亜紀の海の覇権はモササウルスの仲間に移っていく。

とがったリクガメ
アノマロケリス
Anomalochelys angulata

カメ類

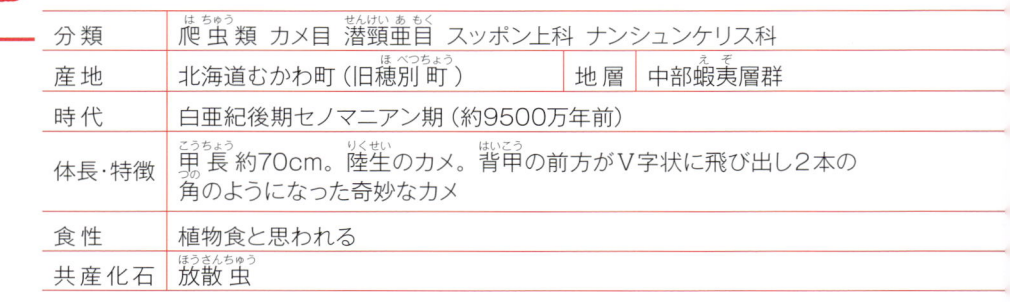

分類	爬虫類 カメ目 潜頸亜目 スッポン上科 ナンシュンケリス科		
産地	北海道むかわ町（旧穂別町）	地層	中部蝦夷層群
時代	白亜紀後期セノマニアン期（約9500万年前）		
体長・特徴	甲長 約70cm。陸生のカメ。背甲の前方がV字状に飛び出し2本の角のようになった奇妙なカメ		
食性	植物食と思われる		
共産化石	放散虫		

その他の生き物たち

北海道むかわ町穂別周辺に広く分布する白亜紀層からは、クビナガリュウ、モササウルス、ウミガメ（メソダーモケリス、p.144）ほか、多くの海生爬虫類の化石を産する。

　白亜紀層をうがつトサノ沢のノジュールから1977年に発見されたリクガメの化石は、奇妙な特徴を有していた。スッポン上科を示す、ちりめん皺のような表面構造と明瞭な鱗板溝を有し、なにより甲羅の一部が前方にＶ字型となって２本の角状に飛び出している。この形状は大きな頭部が甲羅に収まりきらないため、それを守るように発達したと考えられている。

　ちなみに鱗板というのは、カメ類の甲羅の外側の表皮が平板状に広がり硬くなったもので、その鱗板の跡を示すのが鱗板溝だ。

　生息当時は、現生のゾウガメのように陸上を闊歩していたと思われるが、川から海に流されて海底で化石化したのだろう。

　分類的にはスッポン上科ナンシュンケリスの仲間の新属新種。ナンシュンケリスの仲間はアジア・北アメリカにまたがって分布していたが、アノマロケリスはその中でももっとも変わった形の甲羅をもつ。名前のアノマロケリスは「奇妙なカメ化石」を意味する。

穂別山中の沢で発見された**アノマロケリスの甲羅の化石**。左側のとがった突起が特徴で、イラストのように突き出ていた。スッポン上科らしいちりめんのような皺が表面を覆っている。甲長約70cm（提供／むかわ町立穂別博物館）

オサガメの祖先の巨大ガメ
メソダーモケリス
Mesodermochelys

ウミガメ類

その他の生き物たち

メソダーモケリスと共産した異形巻きアンモナイト、ノストセラス。異形巻きアンモナイトについては94ページのコラム参照。

分類	ウミガメ上科 オサガメ科 メソダーモケリス属
産地	北海道むかわ町穂別、香川県塩江町、兵庫県淡路島洲本市
地層	函淵層群、和泉層群
時代	白亜紀後期カンパニアン期〜マストリヒシアン期
体長・特徴	70cm〜3m以上？
食性	魚類ほか、さまざまな動物
共産化石	アンモナイト（メタプラセンティセラス〈塩江〉、ノストセラス〈淡路島〉）、ギリクス（魚類）

　メソダーモケリスは、白亜紀末の日本の地層から特徴的に発見されるウミガメの化石だ。最初の報告は、北海道むかわ町（旧穂別町）に分布する函淵層群から得られたノジュールを、酸で溶かして摘出した標本をもとになされた。

　このカメの化石は、オサガメ類の祖先系として原始的な特徴をもち、上腕骨の外側突起（腕を動かす筋肉のつく部分）が前方に大きく発達し、鱗板の跡を示す鱗板溝が背甲（甲羅）中央部に見られる。

淡路島産の小型の**メソダーモケリスの頭部を含む骨格標本**（松本浩司氏蔵）

　現生のオサガメの主食はクラゲだが、メソダーモケリスはそこまで食性の特化は進んではおらず、頭骨の形状から魚などのさまざまな動物を食べていたと考えられる。

　香川県から淡路島にかけての和泉層群からも、メソダーモケリス類の化石が発見されている。淡路島洲本市からは2010年、完全な頭骨を含むほぼ全身の化石が見つかった。香川県塩江町からは、メソダーモケリスの巨大な上腕骨が発見されている。その大きさは50cmを超え、推定体長は背甲長175cm、全長は3mを超えていたと思われる。北アメリカ、サウスダコタの白亜紀層からは、世界最大のウミガメの化石、アルケロンが発見されており、背甲長2.2m、全長4m、体重2tと推定されているが、日本の中生代の海中にも、それにせまる巨大なウミガメが生息していたのだ。

コラム　サケのように産卵のために川を遡上した古代ザメ

　現在、海洋に広く分布し、500種ほど知られているサメ。

　オオメジロザメは淡水に長期間生息することができ、アマゾン川やミシシッピ川を3000kmさかのぼることもあると言われるが、現生のほとんどのサメの仲間は海域にのみ生息すると言ってもいいだろう。

　しかし太古においては、淡水域にも生息域をのばしていた古代ザメは少なくなかったようで、世界中で化石が発見され、日本でも確認された古代ザメ、リソドゥス（p.132）は、ヨーロッパで三畳紀中期〜後期の淡水であった地層から発見されている。

　そして、古代ザメが湖や川などの淡水域を産卵場所としていたことがうかがえる化石が発見された。キルギス南西部にある三畳紀の2億3000万年前の地層から、ヒボドゥス類というサメの卵嚢の化石が発見されたのだ。

　その卵嚢の形は、現在のネコザメの卵嚢のような、スクリュー形の妙な形をしていたらしい（右図）。

　母親となるサメは、湖岸の湿地に生い茂る植物にその卵嚢を産みつけたと見られており、産まれてくる子どもは生い茂る植物に身を隠すことができる絶好の環境であったのかもしれない。

　それを裏づけるように、卵嚢化石が発見された場所では、60本ほどのサメの歯が発見されており、そのうちの1本は成魚のものだが、残りはすべて幼魚のものだったという。

　ここからこの古代ザメの生育の場は淡水域であったことがうかがえる。

　現生のサメは一生を海洋で過ごすが、古代ザメは、サケのように海洋から産卵のために川をさかのぼっていたのではないか、あるいは一生を淡水域で過ごしていたのではないかと言われている。

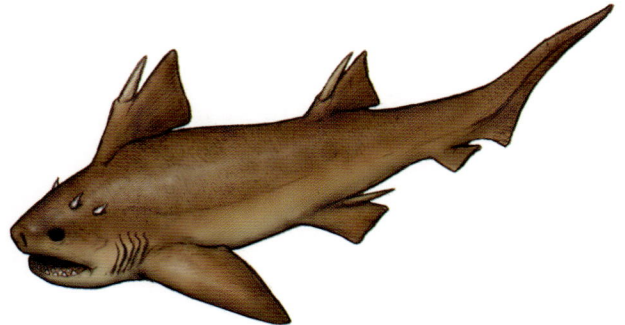

発見された古代ザメの卵嚢の復元図

ヒボドゥスの復元図

コラム 日本にいた巨大スッポン

　日本の恐竜の主要な産地では、恐竜の化石とともにカメの化石が発見されることが多い。石川県白山市（旧白峰村）の桑島化石壁や九州の御船層群、御所浦島などがそうだ。ということは、カメの化石を探していけば、かなりの確率で恐竜に当たる、ということだ。

　また国内の恐竜の産地では、リクガメもさることながら、アドクスなどスッポン類の先祖の甲羅の破片の化石も多く見られる。陸成層だけでなく、白亜紀の海成層からもスッポンの仲間の化石は見つかっている。

　スッポンの仲間は中生代から大繁栄しており、その子孫は現代まで脈々と生きつづけている。その中でも出色なのは、新生代に入って、ごく最近の時代まで、国内で巨大なスッポンが生息していたことだ。

　三重県伊賀市周辺に分布する古琵琶湖層群（約400万年前）からは、現在国内に

太古の日本には軽自動車にせまる大きさの巨大スッポンが生息していた。

生息するスッポン（甲長20cmほど）の10倍以上もある巨大な尾椎や頭骨などが発見されている。これは推定全長2mに達する大きさで、軽自動車なみの大きさだ。

　現代も東南アジアの河川には、1mを超える巨大なスッポン種が生息しているが、非常にパワフルで、魚だけでなく、時には人間の子どもが川に引きこまれることもあるらしい。河童の正体はスッポンだったのでは、という説もあるぐらいだ。当時の湖畔や河川はかなり危険だったことだろう。

　2011年9月、スッポンにまつわるビッグニュースが入ってきた。石川県白山市桑島大嵐谷付近の手取層群赤岩層（白亜紀前期、約1億2000万年前）から得られたスッポンの仲間の甲羅の一部が、早稲田大学のカメ化石の世界的権威、平山廉教授によって「河童カメ」を表わす「カッパケリス」と名づけられ、論文発表されたのだ。この発見でスッポン科の起源がこれまでより2000万年ほど古くなることがわかった。

　これは、白山の桑島化石壁以外の手取層群にも、重要な化石が眠っている証拠のひとつと言えるだろう。

淡路島の白亜紀の海成層から産出した**スッポンの仲間**（*Trionyx* sp.）の化石。大きさ約19.5cm。スッポンは中生代に大繁栄した。巨大なものは2mにも達する（提供／徳島県立博物館）

コラム 宇都宮流・恐竜化石発見の極意

● 身近な産地に注目する

　化石採集家の中には、採集のために日本中の有名な産地を駆けまわったり、わざわざ海外に行って単発採集をするのをよしとされる方がいる。キャリアが浅ければそれも経験のうちと思うが、浅く広くという採集のあり方に私は否定的だ。なぜもっと日本の地元の化石や、地層のもつ意味を探らないのか不思議でならない。

　かく言う私も、いろいろな産地を訪れ、大きな発見もしたが、それはサラリーマンの常、社命による転勤があったからで、基本はそれぞれの土地でメイン産地（フィールド）を決めて、発見があるまで産地詰めする。大きな発見があったのは、いわゆる掘りぬき井戸（物が出るまで調査する）精神のおかげだと感じている。

　産地は、できれば自分が頻繁に行ける距離にあることが望ましい。

● テーマをもって採集する

　狙いをつけた産地で、新種を見つけたいとか、恐竜を発見するぞ、などのテーマをもって掘っていくと、その産地のもつ特性が徐々に明らかになってくる。層位の違いによる産出化石の違いや、化石の産出頻度の差もわかるようになる。

　同じ産地で、地味でも共産する化石を種類ごとに集めても、当時の生物相が見えてきて面白い。地味な二枚貝化石を探していて恐竜を見つけた例は多い。

　また、ほかの採集者がどのような採集の癖をもっているのか、抜け落ちている視点を推理するのも快感だ。

　1カ所の産地をきわめれば、ほかの産地に行っても、その場所の化石が出そうなところ、発見のツボを見きわめるのも早い。

　大きな発見は、産地に通った回数より、その産地で何を見つけたいかというテーマ性をもった、質の高い調査の密度に比例する。

● 地層をじっくり観察する

　闇雲に化石を含む岩や地層を叩き割ったり、必要以上に同じ化石を採集するなどの行為は、後人のためにやってはいけない。最近の私は採集にハンマーを持参してもほとんど使用しない。まずは地層の表面を観察し、産地を味わうことから始めるからだ。

● 常に情報収集をする

　化石がもつ意味について、絶えず論文を読んだり、本物を見たり触ったりして、情報量を増やす努力も大切だ。

　貴重な標本がどのような形状で産出し、クリーニング作業でどのように正体を現わすのか、その過程こそが重要な情報なのだ。

　見てくれがよくない化石標本でも、スポットの当て方と切り口で、その重要性は大きく変化する。発見者の情報量によって、発見した化石のもつ価値が大きく変わることを知っていてほしい。

　すばらしい発見は、その意味を知る者にのみ与えられるのだ。「求めよさらば与えられん」。これが私の座右の銘だ。

コラム　化石採集のマナー

　日本の化石産地は、年々採集が難しくなってきている。

　化石が採れる地層が露出する露頭の多くが、安全のためコンクリートで覆われていて採集ができない。

　当然、新鮮な露頭が現われる工事現場で、法面を崩したりする行為は御法度だ。

　以前は簡単に標本が得られた有名化石産地でも、自分さえよければと根こそぎ地層を崩したり、後片付けさえしない心ない採集者がいることで、採集禁止とされた産地が多い。

　ましてや、私有地で、地主の了解も得ないで行なう採集は論外だ。

　化石は自然が生んだ貴重な宝物と考え、後から来る採集者や研究者のために残す、という態度こそ大切だろう。

　また採集現場で「大物を採集するぞ！」と勇むあまり、周囲の危険な状況が目に入らず、無謀な採集に臨まれる方がいる。

　たとえば、崩れ落ちそうな崖下や、オーバーハングした露頭での発掘、また急な水位の変化や波のうねりが発生するダム下などの河川や海岸で採集する場合だ。

　このような場所では、採集のみに集中するのではなく、天候を含めた環境の変化に、絶えず注意を払うべきだろう。自然の中では、時には撤収が優先される場面もあることを肝に銘じてほしい。

　かく言う私（宇都宮）も、ダム放水で増水した川に流されそうになったこと、高波にのみこまれたこと、熊に襲われそうになったことがある。振り返って、冷や汗とともに自戒の意味をこめて進言する。

　事故を起こせば、自分が苦しむだけでなく、多くの方々にも迷惑をかけ、その産地自体、採集禁止になってしまうかもしれないのだ。

　自分の体（命）は自分で守る。自己責任の気持ちで、無理のない採集を心がけたいものである。

化石採集の心得５カ条
①土地の所有者に許可を取る。
　国有地や営林署の管轄地の場合は採集可能か確認する。
②立つ鳥跡をにごさず。
　採集後はきちんと後片付けをする。
③採れるだけ採るは絶対ダメ。
　後の人のためにも乱獲はしない。
④安全を確保する。
　周囲の状況に常に気を配る。
⑤天候の急変に気を配る。
　すみやかな撤退も時には必要。

伝説の化石ハンター・宇都宮聡の大物化石発見歴

1992年 **四国最古のサメの歯化石**を発見（愛媛県西予市）
→132ページ

1993年 **国内最大級のアンモナイト化石**を発見（北海道夕張市）

2004年 九州初、**白亜紀日本最古のエラスモサウルス科のクビナガリュウ**（サツマウツノミヤリュウ）化石を発見（鹿児島県長島町獅子島）
→98ページ

2005年 西日本最古の**シルル紀床板サンゴの新種**（シリンゴポーラ・ウツノミヤイ）を発見（論文で発表された）（宮崎県五ヶ瀬町祇園山）

2006年 白亜紀の大絶滅を生きのびた**古代ザメ（クレトラムナ）の新生代地層から本邦初**の発見（論文で発表された）（鹿児島県長島町獅子島）
→138ページ

2008年 手取層群赤岩層からの**国内最大の肉食恐竜（獣脚類）の牙化石**を発見（石川県白山市〈旧白峰村〉手取川上流）
→22ページ

2009年 **鹿児島県初の草食恐竜（鳥脚類）化石**の発見（鹿児島県長島町獅子島）
→68ページ

2010年 1992年に発見した四国最古のサメの歯化石が日本初のサメ属「*Lissodus*（リソドゥス）」として論文で発表される。
2009年に発見した鹿児島の草食恐竜化石が論文で発表される。
大阪府泉南の和泉層群からの**巨大モササウルスの頭部（顎）化石**を発見。頭部化石の同山脈からの産出は2例目で、国内最大級の標本（大阪府泉南市）
→116ページ

恐竜や化石が見られるおもな博物館

●北海道

足寄動物化石博物館
　足寄郡足寄町郊南1-29-25
　☎0156-25-9100
　国内唯一のK／T境界のレプリカやアショロアの化石を展示。

中川町エコミュージアムセンター
　中川郡中川町字安川28-9
　☎01656-8-5133
　国内最大のクビナガリュウやテリジノサウルス類の標本を有する。

北海道大学総合博物館
　札幌市北区北10条西8丁目
　☎011-706-2658
　ニッポノサウルスが展示されている。プリオサウルスを所蔵。

三笠市立博物館
　三笠市幾春別錦町1-212-1
　☎01267-6-7545
　タニファサウルスやノドサウルスの道内産の化石や多数のアンモナイトが見られる。

むかわ町立穂別博物館
　勇払郡むかわ町穂別80-6
　☎0145-45-3141
　クビナガリュウやアノマロケリスを所蔵。

●東北

岩手県立博物館
　岩手県盛岡市上田字松屋敷34
　☎019-661-2831
　岩手産のアンモナイトやモシリュウのレプリカを展示。

久慈琥珀博物館
　岩手県久慈市小久慈町19-156-133
　☎0194-59-3831
　久慈近郊で産した琥珀を中心に世界の琥珀を展示。

斎藤報恩会博物館
　宮城県仙台市青葉区大町2-10-14
　☎022-262-5506
　海外産のアロサウルスやトリケラトプスなどを展示。

いわき市石炭・化石館「ほるる」
　福島県いわき市常磐湯本町向田3-1
　☎0246-42-3155
　フタバサウルスやマメンチサウルスの骨格レプリカや、いわき市周辺の化石を展示。

●関東・信越

ミュージアムパーク茨城県自然博物館
　茨城県坂東市大崎700
　☎0297-38-2000
　各種恐竜のレプリカや白亜紀のジオラマを展示。

木の葉化石園
　栃木県那須塩原市中塩原472
　☎0287-32-2052
　現地で発掘された植物やカエルなどの化石が見られる。

栃木県立博物館
栃木県宇都宮市睦町2-2
☎028-634-1311
ステゴサウルスなどの海外標本を展示。

神流町恐竜センター
群馬県多野郡神流町大字神ヶ原51-2
☎0274-58-2829
各種恐竜や恐竜の足跡の模型を展示。

群馬県立自然史博物館
群馬県富岡市上黒岩1674-1
☎0274-60-1200
カマラサウルスほか各種恐竜の骨格標本がある。スピノサウルスの歯を所蔵。

国立科学博物館
東京都台東区上野公園7-20
☎03-5777-8600
フタバサウルスの実物標本を含め、海外の恐竜の標本も豊富。モシリュウも展示。

神奈川県立生命の星・地球博物館
神奈川県小田原市入生田499
☎0465-21-1515
サメ類をはじめ古生物化石を展示。リソドゥスを所蔵。

新潟県立自然科学館
新潟県新潟市中央区女池南3-1-1
☎025-283-3331
タルボサウルスなどの骨格標本がある。

信州新町化石博物館
長野県長野市信州新町上条88-3
☎026-262-3500
アロサウルスなどの骨格標本がある。

●北陸

富山市科学博物館
富山県富山市西中野町1-8-31
☎076-491-2123
大山で発見された恐竜に関する情報が得られる。

白山恐竜パーク白峰
石川県白山市桑島4-99-1
☎076-259-2724
桑島で得られた化石を多く展示。体験発掘もできる。

福井県立恐竜博物館
福井県勝山市村岡町寺尾51-11
☎0779-88-0001
地元北谷で発見されたフクイサウルス、フクイラプトル、フクイティタンなどの恐竜をはじめ、海外標本も充実。国内最大級の恐竜博物館。

●東海

東海大学自然史博物館
静岡県静岡市清水区三保2389
☎054-334-2385
ディプロドクスなど各種恐竜の骨格標本がある。

岐阜県博物館
岐阜県関市小屋名小洞1989
☎0575-28-3111
アロサウルスやイグアノドンの骨格標本を所蔵。

豊橋市自然史博物館
愛知県豊橋市大岩町字大穴1-238
☎0532-41-4747
エドモントサウルスの実物標本などを

展示。

三重県立博物館
三重県津市広明町147-2
☎059-228-2283
鳥羽竜の標本を所蔵。

● 近畿 ─────────────

京都市青少年科学センター
京都府京都市伏見区深草池ノ内町13
☎075-642-1601
ティラノサウルスの動く模型のほか、各種恐竜の骨格レプリカなどがある。

財団法人益富地学会館
京都府京都市上京区出水通烏丸西入中出水町394
☎075-441-3280
恐竜の卵や国内で発見された化石各種、鉱物など多彩な標本を展示。

姫路科学館アトムの館
兵庫県姫路市青山1470-15
☎079-267-3001
アロサウルスやステゴサウルスの骨格標本がある。

兵庫県立人と自然の博物館
兵庫県三田市弥生が丘6
☎079-559-2001
丹波竜や共産化石の最新情報、クリーニング状況を見学することができる。

大阪市立自然史博物館
大阪府大阪市東住吉区長居公園1-23
☎06-6697-6221
マチカネワニやウタツサウルスのレプリカ、和泉山脈のアンモナイト、海外の恐竜レプリカを所蔵。

きしわだ自然資料館
大阪府岸和田市堺町6-5
☎072-423-8100
和泉山脈のモササウルスの特設コーナーがある。また、アンモナイトの化石などを重点的に展示。

和歌山県立自然博物館
和歌山県海南市船尾370-1
☎073-483-1777
湯浅市産の肉食恐竜の牙や、和歌山県内産の化石展示が充実している。

● 中国 ─────────────

鳥取県立博物館
鳥取県鳥取市東町2-124
☎0857-26-8042
タルボサウルスの骨格レプリカがある。

財団法人奥出雲多根自然博物館
島根県仁多郡奥出雲町佐白236-1
☎0854-54-0003
ユーオプロケファルスなど恐竜レプリカ各種が見られる。

倉敷市立自然史博物館
岡山県倉敷市中央2-6-1
☎086-425-6037
アロサウルスなどの骨格レプリカがある。

笠岡市立カブトガニ博物館
岡山県笠岡市横島1946-2
☎0865-67-2477
各種恐竜の骨格レプリカのほか、カブトガニの生態がよくわかる展示がある。

● 四国

徳島県立博物館
　徳島県徳島市八万町向寺山
　☎088-668-3636
　勝浦町で発見されたイグアノドン類の歯化石を所蔵（四国唯一の恐竜化石）。

愛媛県総合科学博物館
　愛媛県新居浜市大生院2133-2
　☎0897-40-4100
　ステゴサウルスの骨格標本がある。

佐川地質館
　高知県高岡郡佐川町甲360
　☎0889-22-5500
　横倉山のサンゴ化石や恐竜の動く模型がある。

● 九州

北九州市立いのちのたび博物館（自然史・歴史博物館）
　福岡県北九州市八幡東区東田2-4-1
　☎093-681-1011
　ワキノサトウリュウや地元産の白亜紀の魚類の化石を所蔵。

佐賀県立博物館
　佐賀県佐賀市城内1-15-23
　☎0952-24-3947
　ティラノサウルスの模型がある。

長崎バイオパーク
　長崎県西海市西彼町
　☎0959-27-1090
　恐竜化石に触れるコーナーがある。

天草市立御所浦白亜紀資料館
　熊本県天草市御所浦町御所浦4310-5
　☎0969-67-2325
　島内で産出した大型肉食恐竜の牙などを展示。

御船町恐竜博物館
　熊本県上益城郡御船町大字御船995-3
　☎096-282-4051
　御船町内で発見された恐竜各種の化石を所蔵。入り口に実物大のティラノサウルス像がある。

宮崎県総合博物館
　宮崎県宮崎市神宮2-4-4
　☎0985-24-2071
　海外の恐竜レプリカ各種や祇園山のサンゴ化石などが展示されている。

鹿児島県立博物館
　鹿児島県鹿児島市城山町1-1
　☎099-223-6050
　アロサウルスなどの骨格標本が展示されている。

参考文献

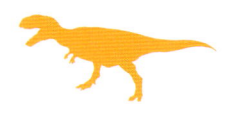

●獣脚類
Azuma, Y., Currie, P. J. 2000. A New Carnosaur（Dinosauria: Theropoda）from the Lower Cretaceous of Japan. Can. J. Earth. Sci. vol. 37.
真鍋　真・小林快次編著　2004年　日本恐竜探検隊　岩波ジュニア新書
御船町教育委員会　1998年　熊本県重要化石分布確認調査報告　御船層群の恐竜化石
三枝春生・田中里志・池田忠広　2010年　兵庫県丹波市の下部白亜系篠山層群産の恐竜類の歯に関する予察的観察および丹波竜脚類の含気骨化に関する追記　化石研究会会誌
谷本正浩・宇都宮聡・佐藤政裕　2009年　白山で見つかった大型獣脚類の歯　近畿地学会会報　痕跡32号
宇都宮聡　2009年　白山の巨大獣脚類化石の発見　近畿地学会会報　痕跡32号

●竜脚類
兵庫県立人と自然の博物館監修　丹波竜―太古から未来へ　2010年　神戸新聞総合出版センター
三重県大型化石発掘調査団編　2001年　鳥羽の恐竜化石　三重県鳥羽市産恐竜化石調査研究報告書　三重県立博物館

●鳥脚類
Kobayashi, Y. and Azuma, Y. 2003. A new Iguanodontian（Dinosauria: Orinithopoda）from the Lower Cretaceous Kitadani Formation in Fukui Prefecture. Journal of Vertebrate Paleontology 23.
岸本眞五　2004年　淡路島の和泉層群から恐竜化石発見とマスコミ公開まで　近畿地学会会報　痕跡27号
谷本正浩　2006年　淡路島で見つかった恐竜復元の試み　近畿地学会会報　痕跡29号
谷本正浩・宇都宮聡　2010年　鹿児島県の獅子島で見つかった恐竜化石　地学研究58巻

●装盾類
富山県恐竜化石試掘調査報告書　2002年　富山県恐竜化石調査団

●長頸竜類
越前谷宏紀　2011年　北海道羽幌町の蝦夷層群佐久層から発見された白亜紀後期プリオサウルス　日本古生物学会第160回例会予稿集
長谷川善和　2008年　フタバスズキリュウ発掘物語　化学同人
Nakaya, H. 1989. Upper Cretaceous Elasmosaurid（Raptilia, Plesiosauria）from Hobetsu, Hokkaido, Northern Japan. Trans. Proc. Palaeont. Soc. Japan.
中谷大輔　2009年　北海道小平町産後期白亜紀長頸竜化石の系統解析　鹿児島大学修士論文
中谷大輔・仲谷英夫　2010年　香川県東かがわ市白鳥町の上部白亜紀系より産出したポリコティルス科（爬虫綱、長頸竜目）化石　日本古生物学会2010年年会予稿集
仲谷英夫・谷本正浩・近藤康生・宇都宮聡・菊池直樹　2006年　鹿児島県長島町獅子島の白亜系御所浦層群幣串層より産出した長頸竜（爬虫綱・鰭竜上目）化石（予報）　日本地質学会113年学術大会要旨
小川　香・仲谷英夫　1998年　北海道中川町から産出した後期白亜紀エラスモサウルス科（爬虫綱、長頸竜目）化石　中川町郷土資料館紀要「自然誌の研究」第1号
Sato, T., Hasegawa, Y. and Manabe, M. 2006. A New Elasmosaurid Plesiosaur from the Upper Cretaceous of Fukushima, Japan. Paleontology 49
太古からのメッセージ編集委員会　1988年　太古からのメッセージ―いわき産化石ノート　いわき地域学会出版部
谷本正浩・大倉正敏　1989年　富山県朝日町大平川（来馬層群）から発見されたプレシオサウルス上科の歯の化石（予報）　穂別博物館研究報告第5号
宇都宮聡　2007年　クビナガリュウ発見！　築地書館

●モササウルス類
Caldwell, M. W., Konishi, T., Obata, I. and Muramoto, K. 2008. A New Species *Taniwhasaurus*（Mosasauridae, Tylosaurinae）from the Upper Santonian-Lower Campanian（Upper

Cretaceous) of Hokkaido, Japan. Journal of Vertebrate Paleontology 28.

小西卓哉　2010年　モササウルスってどんな生き物？―中生代最後の海への簡単な導入　きしわだ自然友の会　Melange

Lindgren, J. Caldwell. M. W., Konishi, T., Chiappe, L. M. 2010. Convergent Evolution in Aquatic Tetrapods: Insights from an Exceptional Fossil Mosasaur.

Tanimoto, M. 2005. Mosasaur Remains from the Upper Cretaceous Izumi Group of Southwest Japan. Netherlands Journal of Geosciences.

Tanimoto, M. 2008. New Material of *Kourisodon* sp. from Japan. Proceedings of the Second Mosasaur Meeting-2008.

谷本正浩・佐藤政裕・高田雅彦　1994年　大阪府貝塚市蕎原の上部白亜紀和泉層群産 ?*Mosasaurus* sp.（爬虫綱有鱗目）　地団研専報第43号

宇都宮聡　2011年　和泉山脈の主、巨大モササウルス類頭部化石の発見　近畿地学会会報　痕跡34号

● 哺乳類

楠橋　直・三枝春生・池田忠広・田中里志　2011年　兵庫県篠山市の篠山層群"下部層"より産した前期白亜紀真獣類化石　日本古生物学会第160回例会予稿集

● サメ類

後藤仁敏・田中　猛・宇都宮聡　2010年　愛媛県西予市の田穂層（三畳紀前期）産の板鰓類リソドゥスの歯化石　地球科学64巻

Goto, M. and the Japanese Club for Fossil Shak Tooth Research 2004. Tooth Remains of Chlamydoselachian Sharks from Japan and their Phylogeny and Paleoecology. 地球科学58巻

田中　猛・宇都宮聡　2007年　古第三系始新統、弥勒層群より産出したサメの歯化石　地学研究第56巻

Yamagishi, H. and Fujimoto, T. 2011. Chondrichthyan Remains from the Akasaka Limestone Formation（Middle Permian）of Gifu Prefecture, Central Japan.　神奈川県博物館専報

● カメ類

岸本眞五・松本浩司・宇都宮聡・森　恵介　2010年　またまた産出―オサガメ化石 *Mesodermochelys undulatus* の新資料　近畿地学会会報　痕跡33号

平山　廉　2007年　カメのきた道　日本放送出版協会

Hirayama, R. and Hikida, Y. 1998. *Mesodermochelys*（Testdines, Chelonioidea, Dermochelyidae）from the late Cretaceous of Nakagawa-cho, Hokkaido, North Japan. Bulletin of Nakagawa Museum of Natural History.

中島保寿・櫻井和彦・平山　廉　2011年　むかわ町立穂別博物館の所蔵するカメ化石　むかわ町立穂別博物館研究報告第26号

谷本正浩・金澤芳廣・佐藤政裕　2006年　和泉層群で発見された巨大なウミガメの上腕骨化石　地学研究第55巻

● コラム

平山　廉・小林快次・薗田哲平・佐々木和久　2010年　岩手県久慈市の上部白亜系久慈層群玉川層より発見された陸生脊椎動物化石群　化石研究会会誌

川上雄司・佐々木和久・上山菊太郎・藤山家徳　1994年　岩手県の久慈コハクより再発見された白亜紀後期昆虫化石　岩手県立博物館研究報告

松岡廣繁・平澤　聡・Inglis Matthew 他　2009年　前期白亜紀におけるカブトガニのポンペイ遺跡―石川県白山市瀬戸野（下部白亜系手取層群）のKouphichnium生痕化石群の概要　化石研究会会誌

森　啓　1989年　サンゴ・ふしぎな海の動物　築地書館

O'Keefe, F. r. and Chiappe, L. M. 2011. Viviparity and K-Selected Life History in a Mesozoic Marine Plesiosaur（Reptilia, Sauropterygia）Science.

谷本正浩・佐藤政裕　2009年　服部川で見つかった巨大スッポンの尾椎化石　近畿地学会会報　痕跡32号

恐竜名索引

恐竜以外の、恐竜とともに暮らしていた生き物たちも含めています。
太字は、本書で詳しく解説している生き物とそのページです。

【ア行】

アーケオケラトプス ……… 77, **78**
アウブリゾドン ……………… **20**
アズダルコ科 …………… 89, **92**
アドクス ……………………… 147
アノマロケリス ……………… **142**
アパトサウルス ……………… 49
アルケロン …………………… 145
アルバートサウルス ………… 21
アルバロフォサウルス ……… **80**
アロサウルス
　……… 8, 9, 12, 17, 19, 23, 41, 83
アンキロサウルス …… 12, 31, 83, **86**
イグアノドン
　……… 9, 19, 49, 63, 67, **68**, **70**
ウタツサウルス ……………… **140**
エゾミカサリュウ→タニファサウルス
エドモントニア ……………… 85
エラスモサウルス
　……… 95, 97, 99, 105, 109, 126
オビラプトル ……………… 17, **36**
オルニトケイルス …………… 91
オルニトミムス ……………… 43
オルニトミモサウルス ……… 43

【カ行】

カエル ………………………… 82
カガナイアス ……………… **112**
加賀竜 …………………… 23, 25
カマキリ ……………………… 76
ガリミムス …………………… 43
カルカロドントサウルス …… 9
カルノサウルス …………… **40**, 59
キタダニリュウ→フクイラプトル
グアンロン …………………… 21
クダノハマギョリュウ ……… 141
クビナガリュウ………………
　8, 9, 95, **96～110**, 111, 126, 139
クレトラムナ ……………… **138**
クリダステス ………………… 123
クロノサウルス ……………… 107
グロビデンス ………………… 111
ケツァルコアトルス …… 9, 89, 93
ケラトプス科 ………………… 77
コウリソドン ……………… **122**
コエルロサウルス類 …… 9, 12, 17
ゴルゴサウルス ……………… 21

【サ行】

サウロペルタ ………………… 85
サツマウツノミヤリュウ
　………………… 95, **98**, **100**
サンチュウリュウ ………… **42**
シノサウロプテリクス ……… 17
ジュラマイア・シネンシス …… 131
真獣類 ……………………… **130**
スコミムス …………………… 39
スッポン ………………… 143, 147
ステゴサウルス ……………… 83
スピノサウルス …………… 17, **38**
ズンガリプテルス …………… 89

【タ行】

タニファサウルス …… 91, **114**, 118
丹波竜 …… 41, 46, 49, **58**, 61, 75
ティタノサウルス
　…………… 9, 49, 53, 59, 61, 63
ディノニクス …………… 17, 29
ディプロドクス …… 8, 49, 51, 63
ティラノサウルス
　……… 9, 12, 17, 21, 31, 39, 41
ティロサウルス ………… 111, 115
ディロング …………………… 21
テリジノサウルス
　………………… 17, 31, **32**, 46, 59
鳥羽竜 ……………… 49, **52**, **54**, 61
トリケラトプス …… 9, 12, 77, 79, 81
ドリコサウルス ……………… 113
トリティロドン … 25, 82, 127, **128**
トリボテリウム ……………… 131
ドロマエオサウルス ……… **28**

【ナ行】

ナンシュンケリス …………… 143
ニッポノサウルス ……… 51, 63, **64**
ネオケラトプス類 …………… 79
ノドサウルス ……… 46, 83, **84**, 87

【ハ行】

パキケファロサウルス ……… 77
白山の巨大獣脚類 ………… **22**, **24**
ハドロサウルス ……………
　9, 12, 46, 49, 63, 65, 69, 73, 75
パラサウロロフス ………… 63, 75
バリオニクス ………………… 39
ヒプシロフォドン …………… 63
ヒボドゥス ……………… 133, 146
フクイサウルス … 19, 46, 63, **66**, 73
フクイティタン …………… 19, **60**
フクイラプトル
　………… 17, **18**, 23, 41, 46, 67
フタバサウルス …… 95, **96**, 99, 139
プテラノドン ……… 9, 85, 89, **90**
プテロダクティルス ………… 89
ブラキオサウルス ……… 8, 12, 49
プリオサウルス …… 95, **106**, 109, 119
プリオプラテカルプス亜科 …… 111
プレシオサウルス …… 95, 99, 105
プロトケラトプス …………… 77
ヘスペロルニス ……………… 85
ヘテロドントサウルス ……… 63
ベロキラプトル …… 17, 19, 29, **34**
ボラカントゥス ……………… 83
ポリコティルス
　…… 95, 97, **108**, 110, 111, 126
ポリプチコドン ……………… 107

【マ行】

マメンチサウルス …………… 51
ミフネリュウ ……………… 23, **30**
メガロサウルス ……………… 31
メソダーモケリス ……… 117, **144**
モササウルス
　…… 9, 109, 111, **114**～**125**, 126
モシリュウ ………………… 49, **50**

【ラ行・ワ行】

ラブカ …………………… 127, **136**
ランフォリンクス …………… 89
ランベオサウルス ……… 63, 65, **74**
リソドゥス ………… **132**, **134**, 146
ワキノサウルス ……………… 23

157

謝辞

本書を作成するにあたり、貴重な資料や写真、情報をご提供くださったり、内容のチェックをしていただいたり、化石産地の調査でお世話になったり、多くの方々のお力をお借りいたしました。すべての方のお名前をあげることはできませんが、心より感謝申し上げます。なお、敬称は略させていただきます。

池上 直樹	田中 猛	足寄動物化石博物館
池田 哲哉	谷本 正浩	石川県白山市教育委員会
越前谷 宏紀	辻野 泰之	いわき市石炭・化石館「ほるる」
小川 英敏	中川 良平	大阪市立自然史博物館
岡山 清英	中谷 大輔	神奈川県立生命の星・地球博物館
尾崎 高広	仲谷 英夫	神流町恐竜センター
小原 正顕	橋本 亮平	きしわだ自然資料館
河野 貴雅	浜田 隆士（故人）	近畿地学会
川端 清司	疋田 吉識	久慈琥珀博物館
岸本 眞五	平山 廉	群馬県立自然史博物館
木津川 計	福田 龍八	国立科学博物館
木村 康弘	藤田 将人	サメの歯化石研究会
久保田 克博	藤本 艶彦	徳島県立博物館
栗原 憲一	益富 寿之助（故人）	富山市科学博物館
後藤 仁敏	松本 浩司	中川町エコミュージアムセンター
小西 卓哉	松本 達郎（故人）	日本地学研究会
小林 快次	宮本 裕司	北海道大学総合博物館
櫻井 和彦	渡辺 克典	兵庫県南あわじ市教育委員会
佐藤 たまき		兵庫県立人と自然の博物館
佐藤 政裕		福井県立恐竜博物館
澤村 寛		三重県立博物館
鈴木 千里		三笠市立博物館
下島 志津夫		御船町恐竜博物館
高桑 祐司		宮崎化石研友会
高田 雅彦		むかわ町立穂別博物館
滝沢 利夫		和歌山県立自然博物館

著者紹介

宇都宮 聡（うつのみや・さとし）
1969年10月、愛媛県生まれ。
会社勤めのかたわら、趣味である化石採集をライフワークとし、九州初のクビナガリュウ（サツマウツノミヤリュウ）をはじめ、白山からの日本最大の獣脚類の歯や鹿児島県初の草食恐竜、大阪での大型モササウルスの頭部ほか多数の大物化石を発見し、国内屈指のドラゴンハンターとして知られる。著書に『クビナガリュウ発見！』（築地書館）がある。

川崎 悟司（かわさき・さとし）
1973年7月、大阪府生まれ。
古生物、恐竜、動物をこよなく愛する古生物研究家。2001年、趣味で描いていた生物のイラストを時代・地域別に収録したウェブサイト、「古世界の住人（http://www.geocities.co.jp/NatureLand/5218/）」を開設以来、個性的で今にも動き出しそうな古生物たちのイラストに人気が高まる。現在、古生物イラストレーターとしても活躍中。著書に『絶滅した奇妙な動物』『絶滅した奇妙な動物2』（ともにブックマン社）、『絶滅したふしぎな巨大生物』（PHP研究所）などがある。

日本の恐竜図鑑
じつは恐竜王国日本列島

2012年2月10日　初版発行
2019年3月30日　3刷発行

著者	宇都宮聡＋川崎悟司
発行者	土井二郎
発行所	築地書館株式会社
	〒104-0045
	東京都中央区築地7-4-4-201
	☎03-3542-3731　FAX 03-3541-5799
	http://www.tsukiji-shokan.co.jp/
	振替00110-5-19057
印刷製本	シナノ印刷株式会社
装丁
本文デザイン	秋山香代子

ⓒ Satoshi Utsunomiya & Satoshi Kawasaki　2012　Printed in Japan　ISBN978-4-8067-1433-0

・本書の複写、複製、上映、譲渡、公衆送信（送信可能化を含む）の各権利は築地書館株式会社が管理の委託を受けています。
・JCOPY〈(社)出版者著作権管理機構　委託出版物〉
本書の無断複製は著作権法上での例外を除き禁じられています。複製される場合は、そのつど事前に、(社)出版者著作権管理機構（TEL03-5244-5088、FAX03-5244-5089、e-mail: info@jcopy.or.jp）の許諾を得てください。